小巧可爱的钩针蕾丝
台心布

Small Crochet Lace Doily

U0235721

日本E&G创意　编著
张心璐　译

河南科学技术出版社
· 郑州 ·

目 录

1 菠萝花样

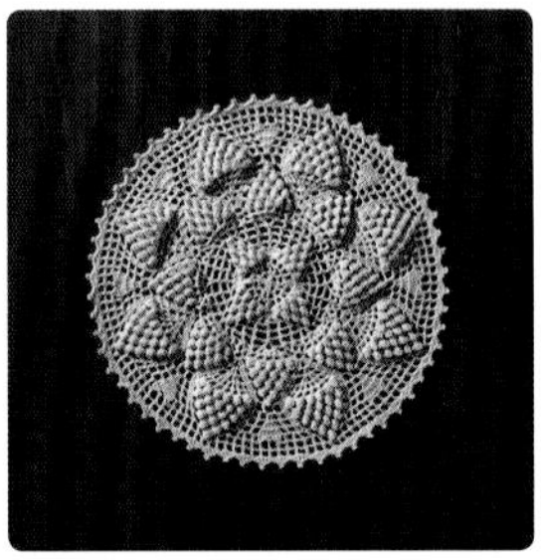

2 不规则花样

3 花朵花样

P p.24

Q p.25

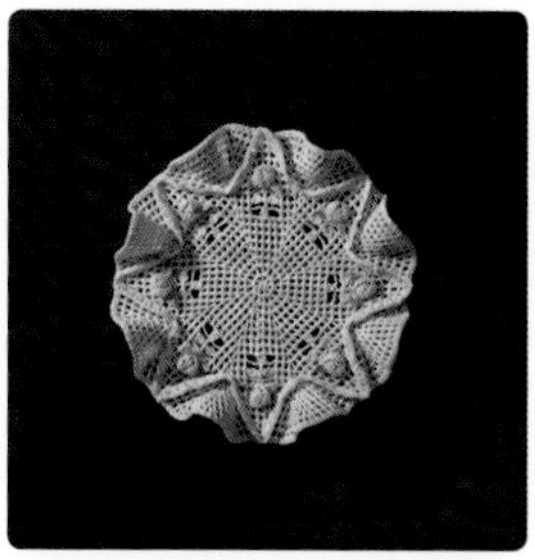
R p.26

S p.28

T p.29

U p.30

V p.32

W p.33

X p.34

Y p.35

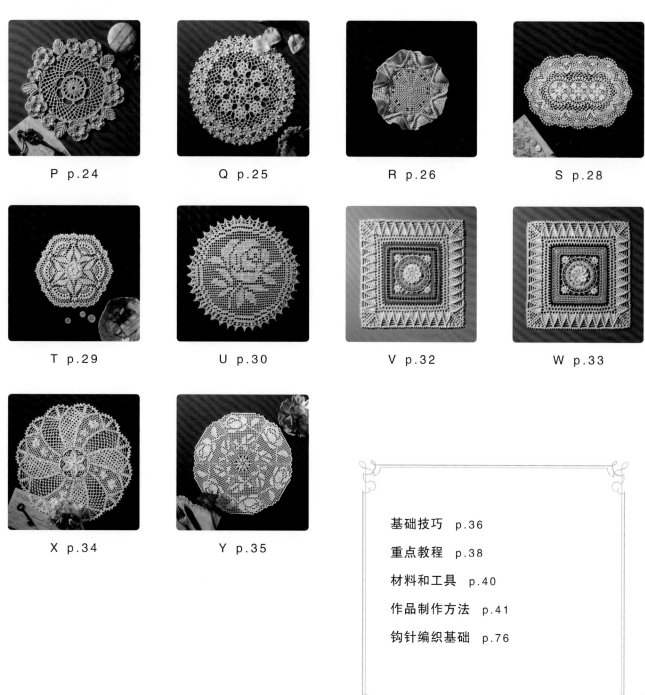

1

菠萝花样

A

[成品尺寸] 直径20cm

钩织方法　p.41

设计与制作　北尾蕾丝・联合会（齐藤惠子）

使用线　DMC CEBELIA 10号

B

［成品尺寸］直径22.5cm
钩织方法　p.42

设计与制作 北尾蕾丝・联合会（冈野纱织）
使用线　DMC CEBELIA 10号

C

[成品尺寸] 直径25.5cm
钩织方法　p.43

设计与制作　芹泽圭子
使用线　奥林巴斯　Emmy Grande

D

[成品尺寸] 22cm×20.5cm

钩织方法　p.44

设计与制作　北尾蕾丝・联合会（铃木圣羽）

使用线　DMC CEBELIA 20号

E

[成品尺寸] 25cm × 28cm
钩织方法　p.46

设计与制作　北尾蕾丝・联合会（铃木久美）
使用线　奥林巴斯　金票40号蕾丝线

将蕾丝垫放在柜子上，搭配小饰品和花瓶
一起摆放，享受打造个性空间的乐趣……

Oblong Doily

F

[成品尺寸] 边长24cm

钩织方法　p.45

设计与制作　北尾蕾丝・联合会（深泽昌子）

使用线　DARUMA 蕾丝线 #30 葵

G

[成品尺寸] 直径21cm
钩织方法　p.48

设计与制作　北尾蕾丝・联合会（主代香织）
使用线　DMC CEBELIA 20号

H

[成品尺寸] 直径22.5cm

钩织方法　p.50

设计与制作　北尾蕾丝・联合会（高桥万百合）

使用线　DARUMA 蕾丝线 #30 葵

因为是小尺寸的装饰垫，所以也很适合
放在架子上作为装饰使用。

2
不规则花样

1

［成品尺寸］直径17cm
钩织方法　p.51

设计与制作　北尾蕾丝・联合会（高桥万百合）
使用线　DMC CEBELIA 10号

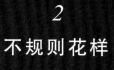

J

[成品尺寸] 直径25cm

钩织方法　p.52

设计与制作　北尾蕾丝・联合会（波崎典子）

使用线　DARUMA 蕾丝线 #30 葵

K

［成品尺寸］直径20cm

钩织方法　p.53

设计与制作　北尾蕾丝・联合会（和田信子）

使用线　DARUMA 蕾丝线 #40 紫野

L

[成品尺寸] 直径23.5cm
钩织方法　p.54

设计与制作　北尾蕾丝・联合会（冈野纱织）
使用线　DARUMA 蕾丝线 #30 葵

M

[成品尺寸] 直径23.5cm

钩织方法　p.55

设计与制作　北尾蕾丝・联合会（铃木圣羽）
使用线　DMC CEBELIA 30号

只需盖在厨房的小物上，就能营造出
优雅的氛围。

N

[成品尺寸] 直径23.5cm
钩织方法　p.56

设计与制作　北尾蕾丝・联合会（齐藤惠子）
使用线　DMC CEBELIA 10号

垫在玻璃碟下，蕾丝垫上的花纹能清晰地呈现
出来，更显优雅。

O

[成品尺寸] 直径28cm
钩织方法　p.58

设计与制作　北尾蕾丝・联合会（和田信子）
使用线　DMC CEBELIA 30号

使用钩针蕾丝编织来表现孔斯特蕾丝风格的编织花样。
作品呈现出美丽的明暗对比。

3
花朵花样

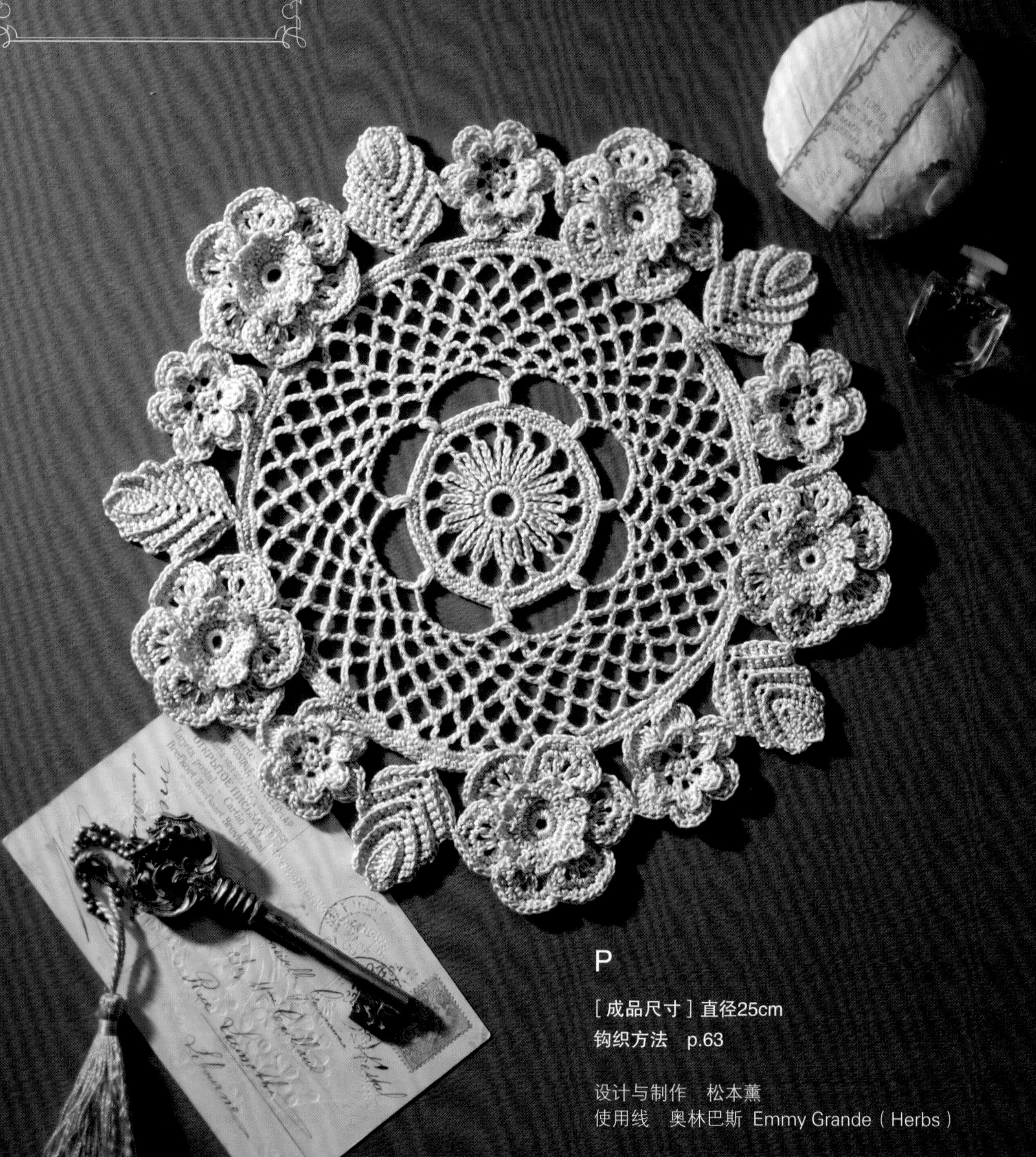

P

［成品尺寸］直径25cm
钩织方法　p.63

设计与制作　松本薰
使用线　奥林巴斯 Emmy Grande（Herbs）

Q

[成品尺寸] 直径25cm
钩织方法 p.62

设计与制作　芹泽圭子
使用线　DARUMA 蕾丝线 #30 葵

R

[成品尺寸] 直径19cm
钩织方法　p.60

设计与制作　松本薰
使用线　DMC CEBELIA 10号

这款可爱的杯垫有褶边和小玫瑰花装饰。
将其用作装饰垫，会增添华丽的气息。

S

[成品尺寸] 18cm × 26cm
钩织方法　p.66

设计与制作　北尾蕾丝・联合会（高桥万百合）
使用线　奥林巴斯 金票40号蕾丝线

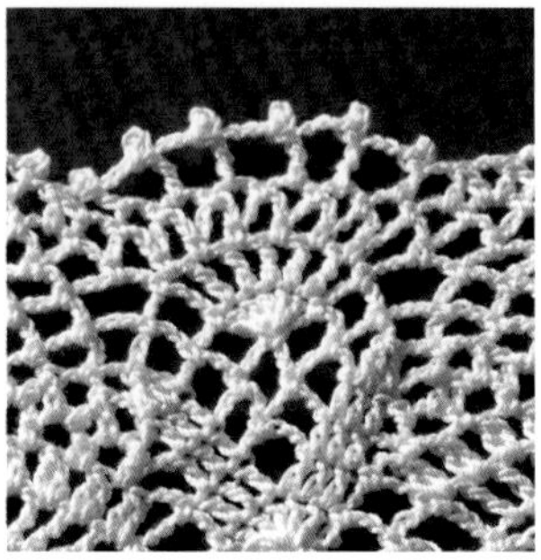

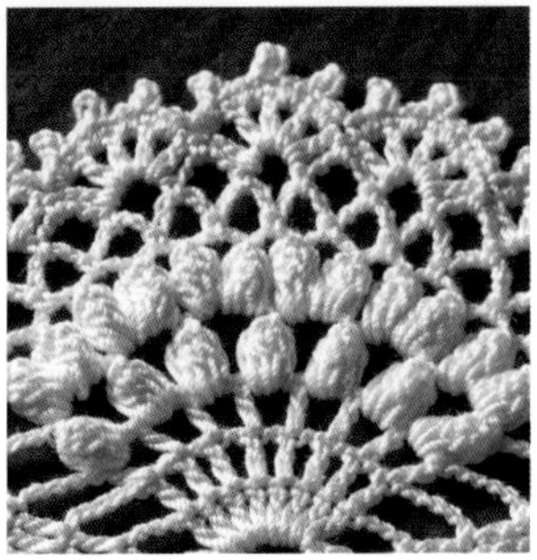

T

［成品尺寸］17.5cm × 18.5cm

钩织方法 p.65

设计与制作　北尾蕾丝·联合会（铃木久美）

使用线　DMC CEBELIA 20号

U

[成品尺寸] 27cm × 28cm
钩织方法　p.68

设计与制作　河合真弓
使用线　奥林巴斯 金票40号蕾丝线

如画一般美丽的台心布，可以放入装饰框，
挂在玄关或房间里作装饰。

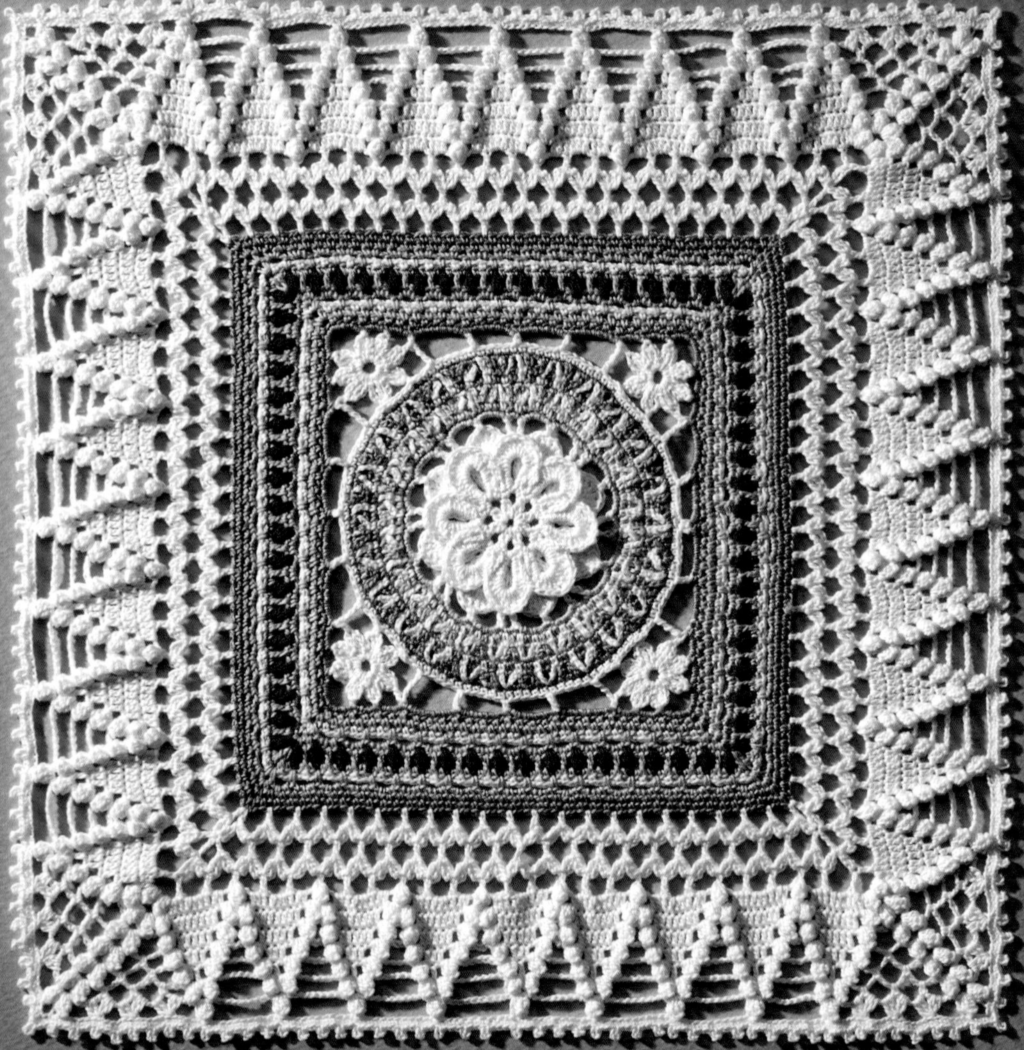

V、W

[成品尺寸] 边长25cm
钩织方法　p.71

设计与制作　北尾蕾丝・联合会（齐藤惠子）
使用线　DMC CEBELIA 20号

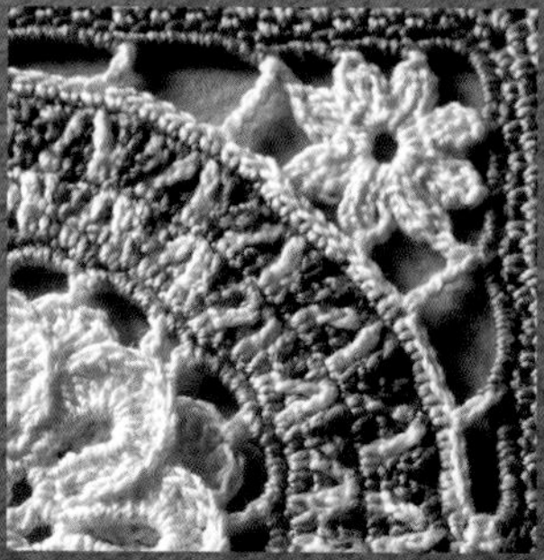

这款作品包含了多种钩织技法，
你可以尽情享受从开始到完成的过程。

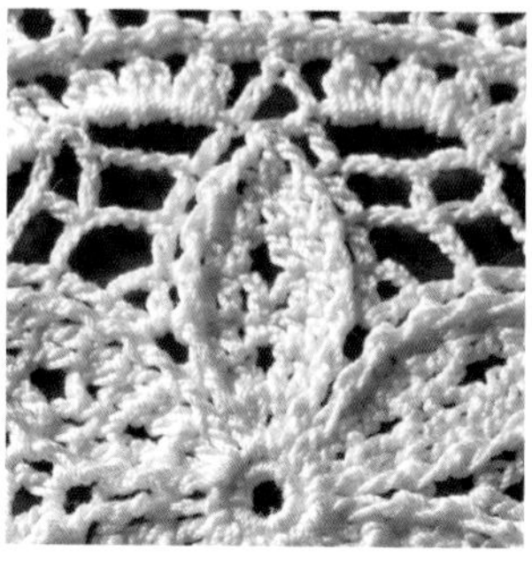

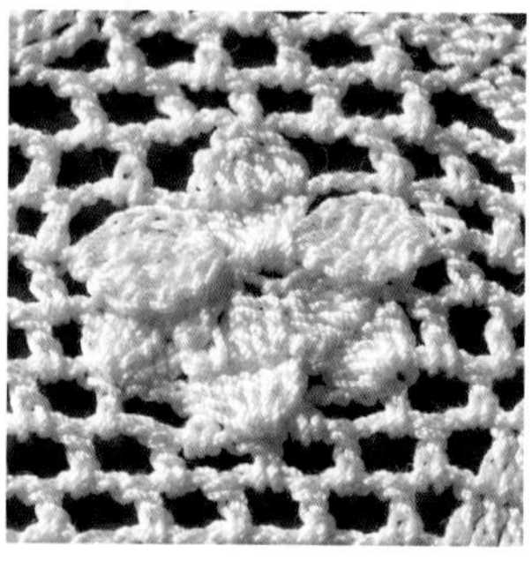

X

[成品尺寸] 直径28cm
钩织方法　p.74

设计与制作　北尾蕾丝・联合会（深泽昌子）
使用线　奥林巴斯 金票40号蕾丝线

Y

[成品尺寸] 直径23.5cm

钩织方法　p.70

设计与制作　北尾蕾丝・联合会（主代香织）

使用线　奥林巴斯 金票40号蕾丝线

长针的方眼花样的挑针方法

前一行为正面时

在方眼花样中，挑取前一行长针的头部钩织长针时，如图a中箭头所示，挑取头部的2根横线和里山的1根线共计3根线钩织。图b是钩织完成的样子。这样钩织可以防止斜行。

前一行为反面时

从反面钩织时，和正面一样如图a中箭头所示，挑取头部的2根横线和里山的1根线共计3根线钩织。图b是钩织完成的样子。

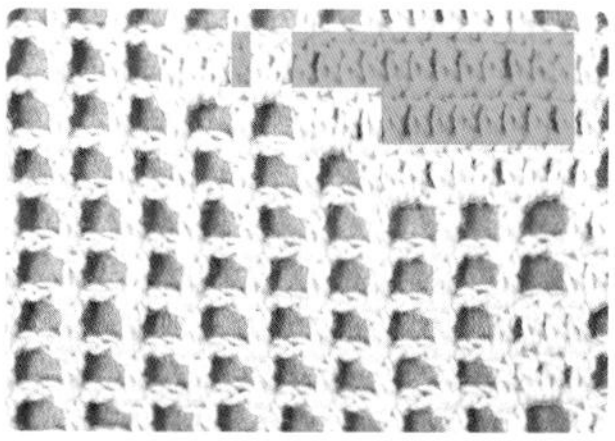

方眼花样的作品实例。采用这种钩织方法可以避免斜行，但是会稍微增加厚度。因此，除两端外，如果感觉长针填充的部分（■）有点厚，可以挑取2根横线钩织（这种情况更容易产生长针的高度差异，钩织时应当注意）。

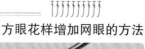

方眼花样增加网眼的方法

1 钩针挂2次线，如箭头所示插入第3针立起的锁针中，钩织长长针。

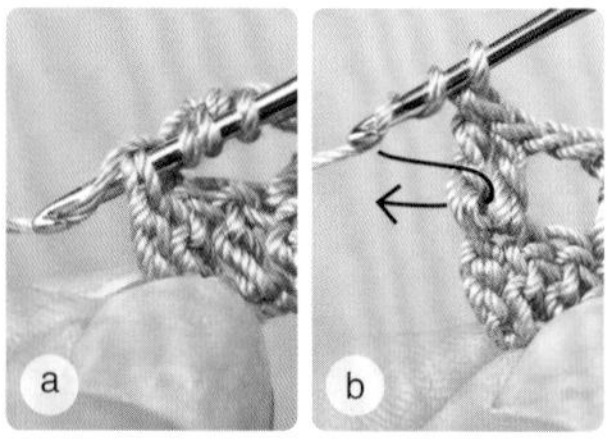

2 入针时的样子（图a）。图b是长长针钩织完成的样子。继续“钩针挂2次线，如箭头所示挑取长长针根部的2根线，接着钩织长长针”。

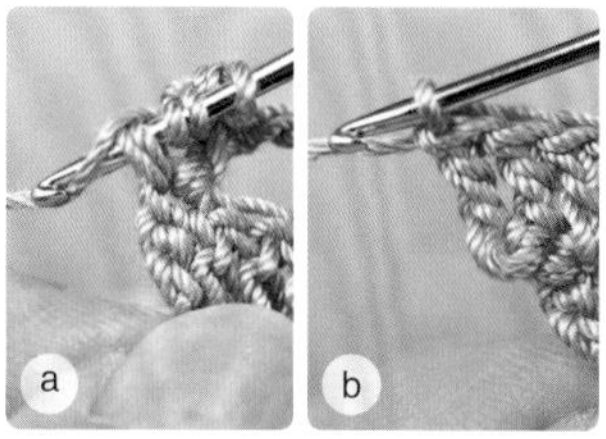

3 入针时的样子（图a）。图b是长长针钩织完成的样子。重复步骤2中引号中的内容，增加指定针数。

4 增加了指定针数的样子。为了防止长长针的根部变松，左手要保持拉紧状态，并用右手中指按住挂针2次的线，然后钩织。

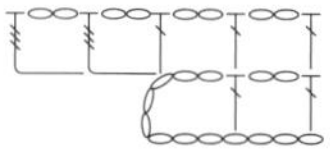

的情况

1 “钩织2针锁针，钩针挂3次线，如箭头所示插入第3针立起的锁针中，钩织3卷长针”。

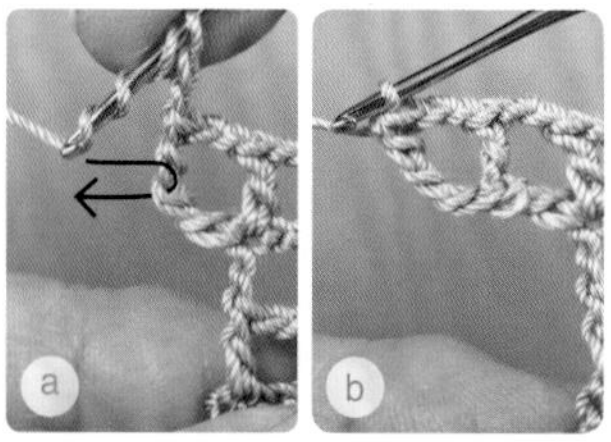

2 图a是钩织完成的样子。继续重复步骤1中引号中的内容，增加指定针数。图b是增加了指定针数的样子。

减少网眼的方法

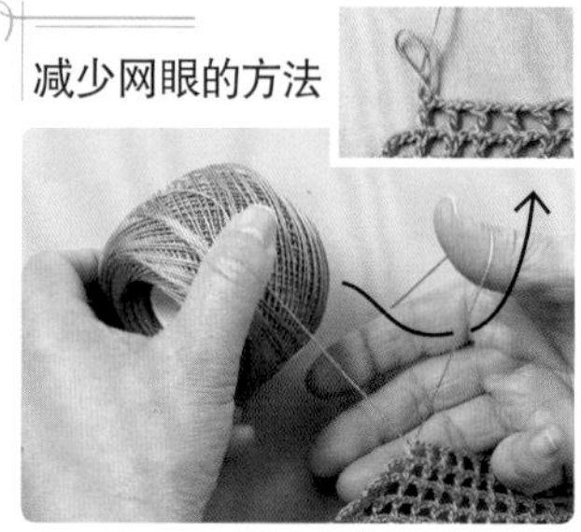

1 在准备减少网眼前，将钩针从已经钩织好的针目中暂时取出。用手将线圈拉大，将线团从拉大的线圈中穿过，拉紧线头，收紧线圈。（见右上图）。

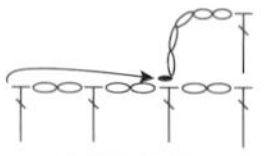

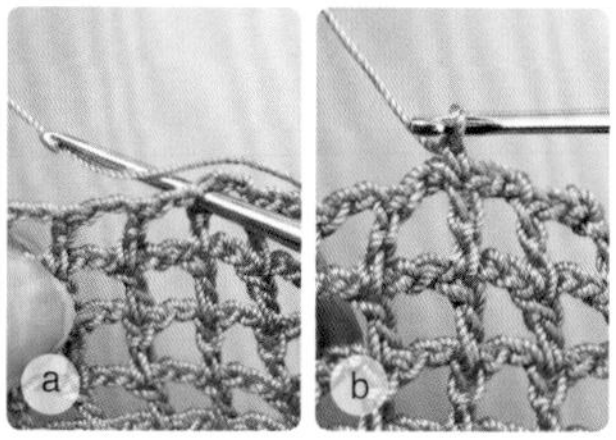

2 在指定位置入针，钩织引拔针（图a）。图b是钩织完成的样子。渡过的线在边缘钩织时包在一起。

花片的连接方法
（引拔连接的方法）

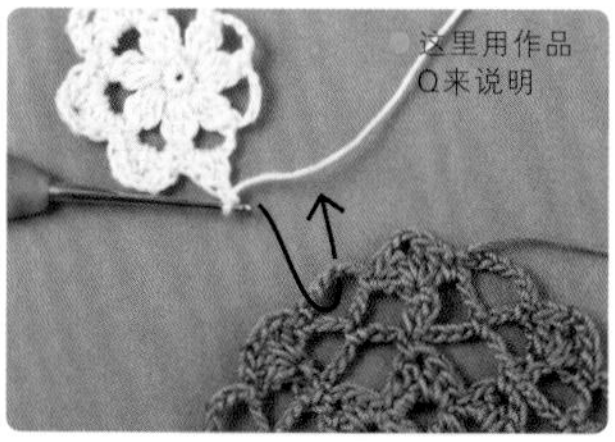

1 当连接第2片花片与第1片花片时，如箭头所示将钩针插入第1片花片的连接位置（分“从针目的头部挑取”或“整段挑取”等。这里是指整段挑取）。

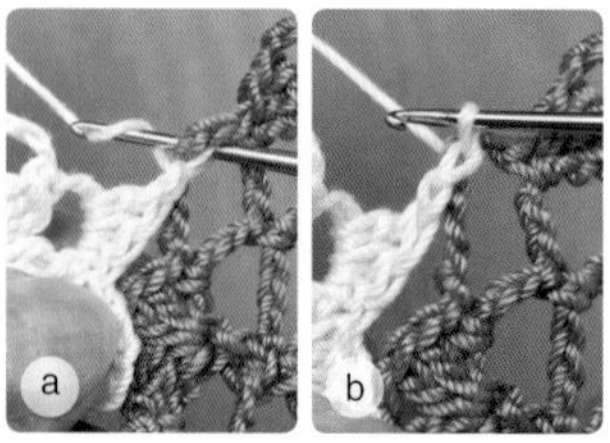

2 钩针挂线引拔（图a）。图b为2片花片引拔连接的样子。

花片的连接方法（钩织短针的连接方法）

●这里用作品P来说明

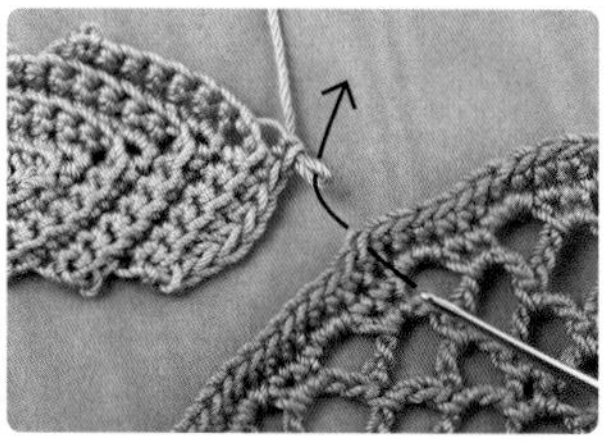

1 当钩织到叶子与主体连接的位置时，将钩针从针目中抽出，如箭头所示插入主体的指定针目，然后再插入叶子原来的针目中。

2 插入钩针的样子。如箭头所示拉出针目。

3 拉出针目的样子。继续在叶子上指定的针目中按照图a中箭头所示插入钩针，钩织1针短针。图b为钩织短针连接2片花片的样子。

花片的连接方法（钩织长针的连接方法）

●这里用作品P来说明

1 当钩织到花片与主体连接的位置时，将钩针从针目中抽出，如图a中箭头所示插入主体的指定针目和花片上休针的针目中，钩针挂线拉出（图b）。

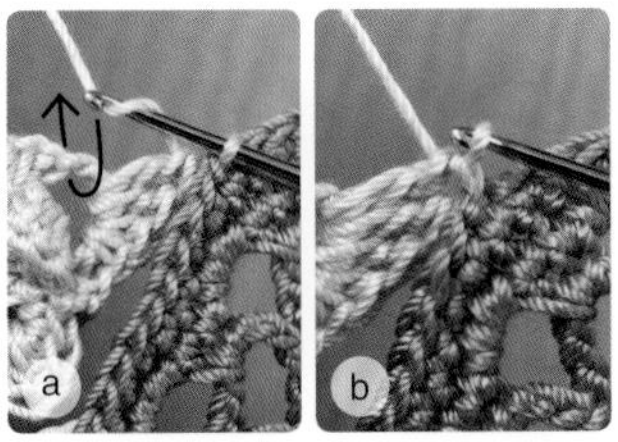

2 拉出线的样子。钩针上挂线，继续按照图a中箭头所示插入钩针，钩织1针长针。图b为钩织长针连接2片花片的样子。

3 翻转织片，从最后1行针目的里山中将线穿过。并将线头收尾。

编织终点的收尾方法

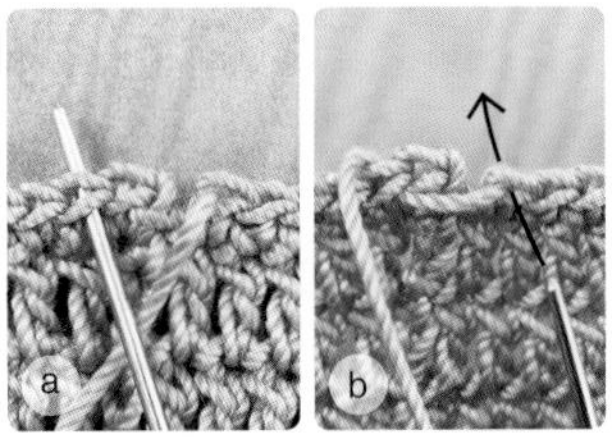

1 钩织完最后1针后，留20cm左右后断线。将线头穿入毛线缝针，穿入第2针中（图a），如图b中箭头所示穿过最后1针。

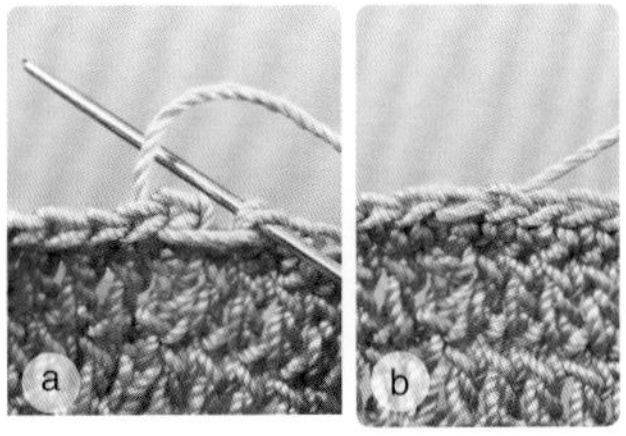

2 拉线，完成最后1个网眼的最后1针锁针。

网眼花样时

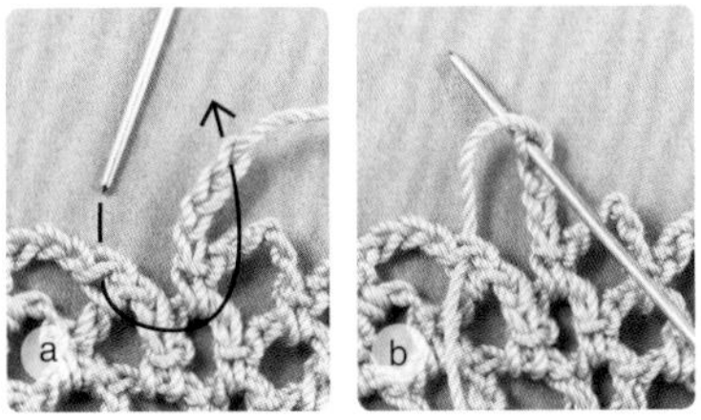

1 在钩网眼花样时，最后1个网眼少钩1针（如果1个网眼5针，就钩织到第4针），留20cm左右后断线。将线头穿入毛线缝针，按照图a中箭头指示，按最后1行的第1针→最后1个网眼的第4针的顺序入针。图b为入针后的样子。

2 拉线，完成最后1个网眼的最后1针锁针。

3 翻转织片，从最后1行的针目的里山中将线穿过，并将线头收尾。

蕾丝垫的整理方法

●这里用参考作品来说明

1 在盆中倒入水，充分溶解洗涤剂。将织片放入水中，用手搓洗掉编织途中附着的污垢，然后换水充分洗涤。

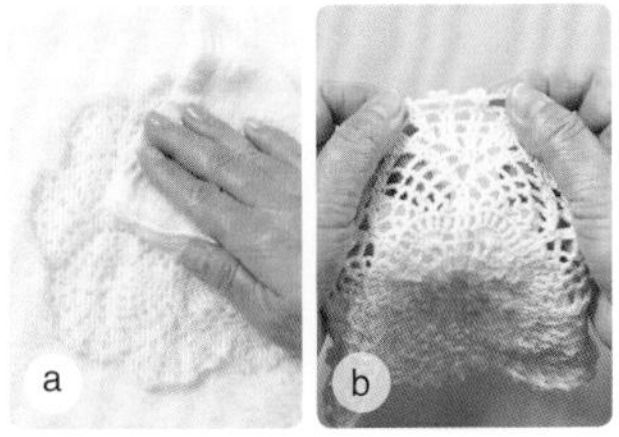

2 将织片放在干毛巾上，用手轻压吸走水分，使其半干（图a）。同时，如果有针目变形的地方，需要用手轻拉调整织物。

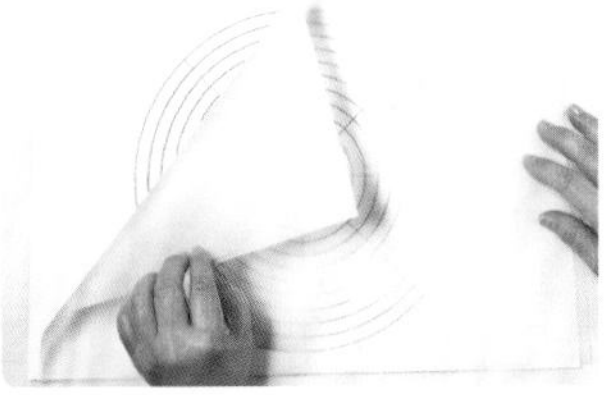

3 在画有织片完成尺寸的衬纸上叠放描图纸。

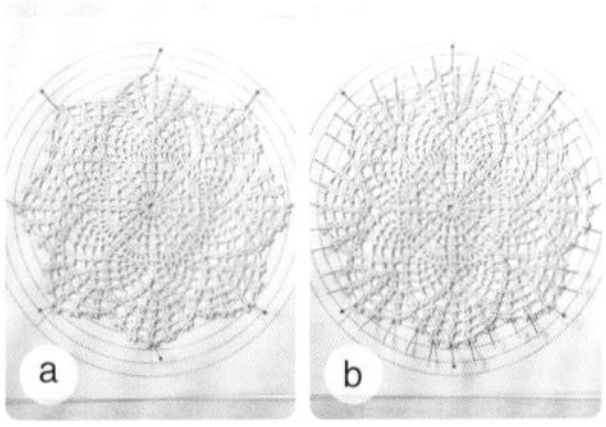

4 将作品放到步骤*3*中的描图纸上，用珠针固定（图a）。在图a中的珠针之间，再用珠针固定一圈（图b）。较大的作品最好分阶段地在中心、外层和边缘分段固定。

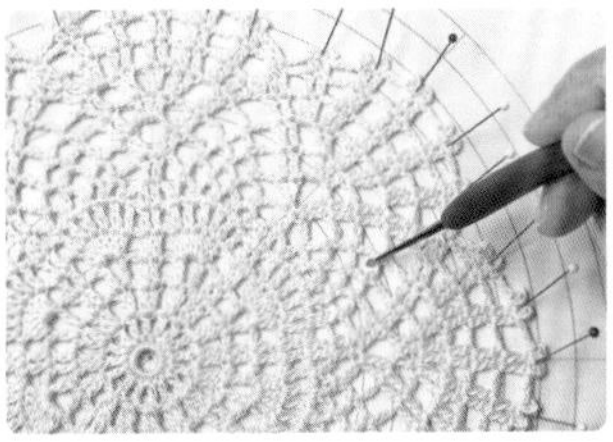

5 这一步对织片做最终调整。仔细检查针目，如果发现网眼花样等有变形的地方，可用蕾丝针或者毛线缝针移动、调整。

6 将蒸汽熨斗悬在上方，用蒸汽熨烫整个蕾丝垫。

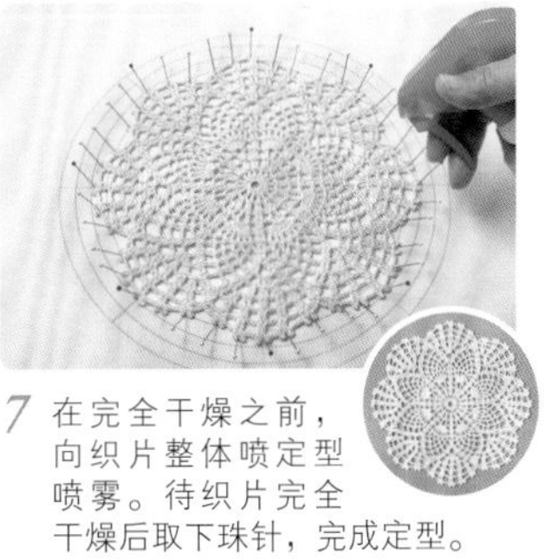

7 在完全干燥之前，向织片整体喷定型喷雾。待织片完全干燥后取下珠针，完成定型。

8 在收纳蕾丝垫时，可以垫上薄纸并一起卷在保鲜膜纸芯上，便于织片保持形状，干净整洁。

●为了便于理解，更换了线的颜色和粗细进行说明

P 图／p.24 钩织方法 ／p.63

花朵（大）第4行的钩织方法

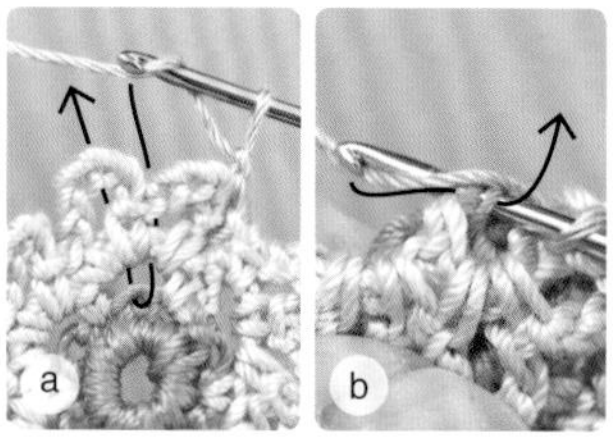

1 立织2针锁针，钩针挂线，从第2、3行的后面，如图a中箭头所示从第1行指定短针的头部入针，钩织长针。图b为入针后的样子。

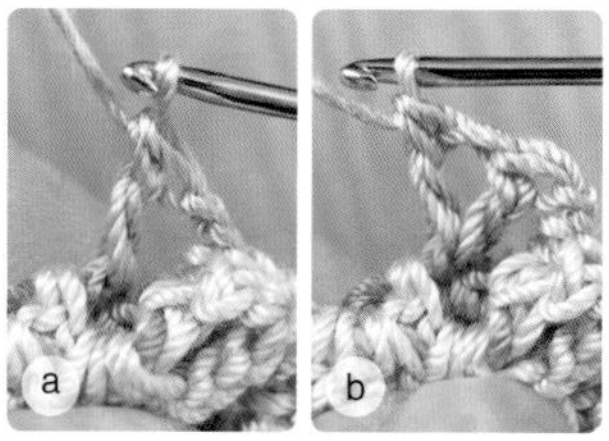

2 钩织完长针的样子（图a）。图b为继续钩织1针锁针、1针长针的样子。

3 挑起底座第2行短针前面的半针，继续钩织花瓣。图中是花瓣钩织完成的样子。断线并用手整理形状。

R 图片／p.26 钩织方法 ／p.60

花瓣的钩织方法

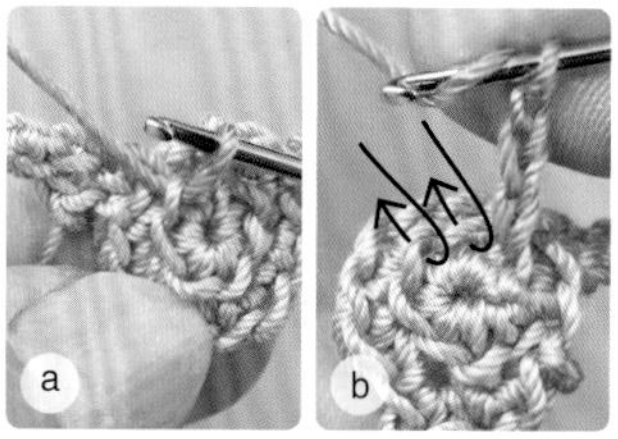

1 当钩织完底座后，在底座的指定位置接上新线（图a）。立织3针锁针，钩针挂线，在底座第1行剩下的半针里如图b中箭头所示入针，钩织2针长针。

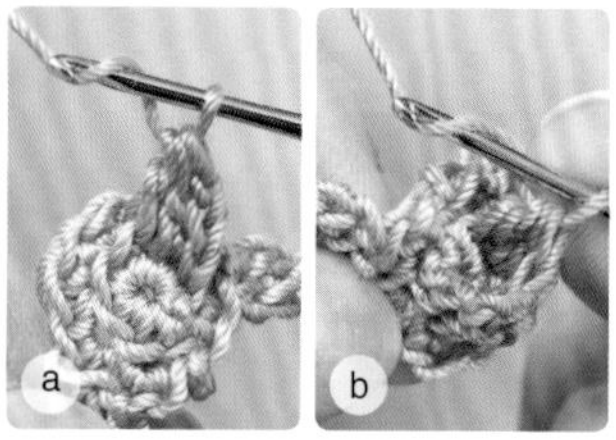

2 钩织完2针长针的样子（图a）。继续挑起底座第1行剩下的半针钩织花瓣。图b为在底座第1行上钩织完花瓣的样子。

褶边的钩织方法

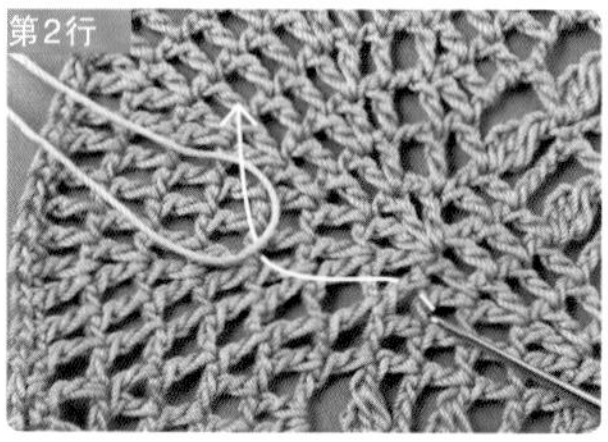

1 钩织完第19行，如箭头所示整段挑取第20行起始位置的长针根部，拉出线。

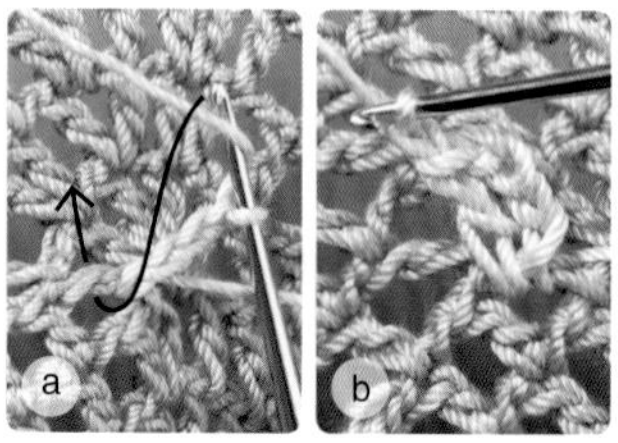

2 拉出线后，立织3针锁针，然后钩织1针锁针（图a）。同样如图a中箭头所示，整段挑起钩织长针（图b）。继续钩织1针锁针。

3 同样挑取主体长针的根部钩织。图片是钩织多个花样的样子。

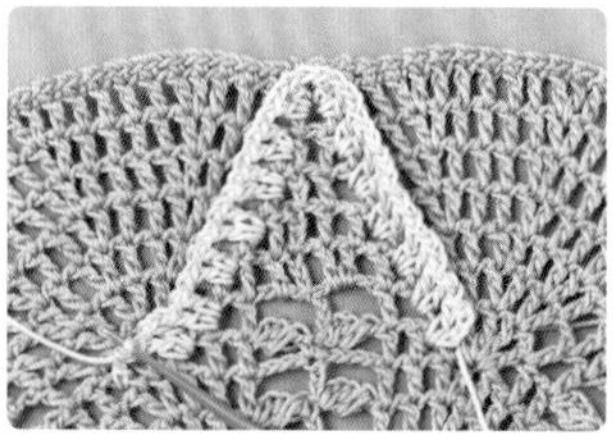

4 钩织完1组山形的样子。继续钩织2组山形。

X 图／p.34 钩织方法 ／p.74

第26行的钩织方法

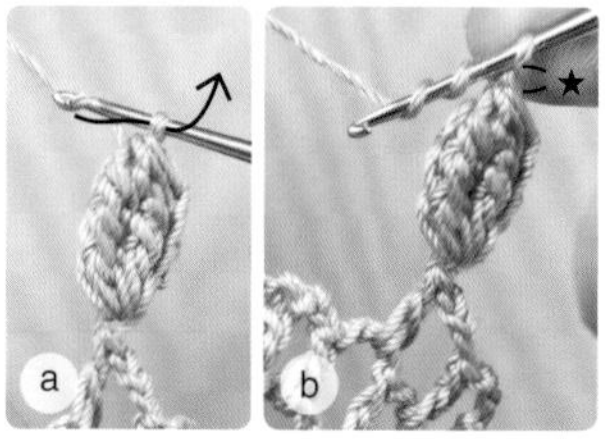

1 参照p.75的编织图，A的4针3卷长针的枣形针钩织完成后，钩织1针锁针并拉紧（图a）。图b是拉紧的锁针（图b的★）完成的样子。继续钩针挂线2次，钩织B的1针长长针和4针长针的5针并1针（参照p.78）。

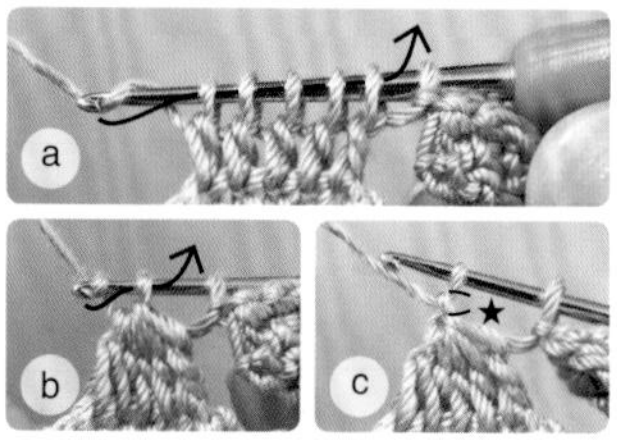

2 钩织完1针未完成的长长针和4针长针后，如图a中箭头所示将A的锁针留在钩针上，一次性引拔过其他5个线圈，如图b中箭头所示钩织1针锁针并拉紧（图c）。

3 按照步骤2的要点钩织C的5针长针并1针。图片为编织完成的样子。将A、B、C各自拉紧的锁针挂在钩针上。

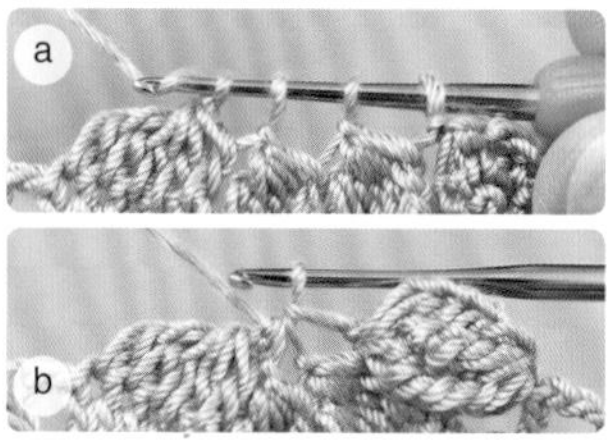

4 继续钩织1次D的4针长针和1针长长针的5针并1针。当钩针挂上A、B、C、D的锁针时，如图a的箭头所示挂线并一次性将线引拔出（图b）。

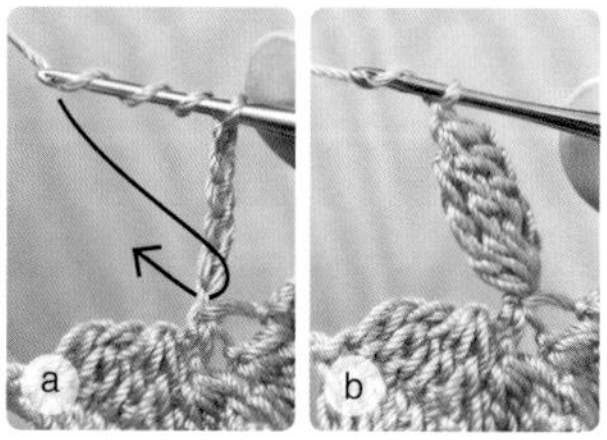

5 继续钩织6针锁针，钩针挂线3次，如图a中箭头所示将钩针插入第1针锁针中，钩织4针3卷长针的枣形针（图b）。

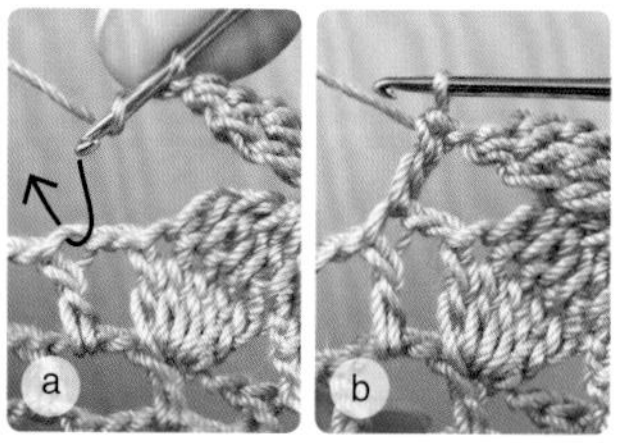

6 再次钩针挂线，钩针如图a中箭头所示插入上一行长针的头部，钩织长针。图b为钩织完成的样子。

第27行的 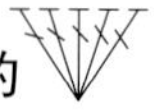 的钩织方法

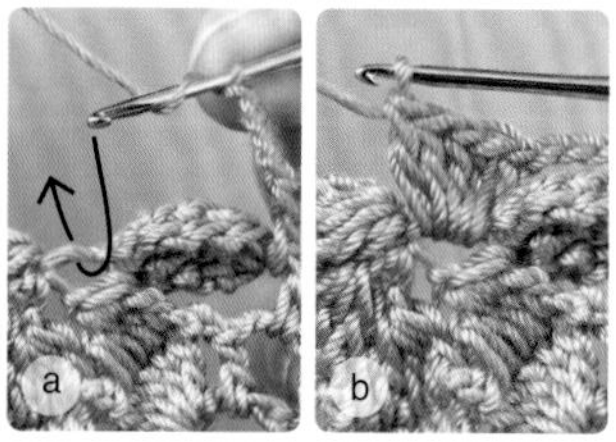

如图a中箭头所示，在第26行的编织方法的步骤4中1针锁针的最上方的针目里入针，钩织5针长针。图b为钩织完成的样子。

V、W 图 / p.32、p.33　钩织方法 / p.71

第3行的 × 的钩织方法

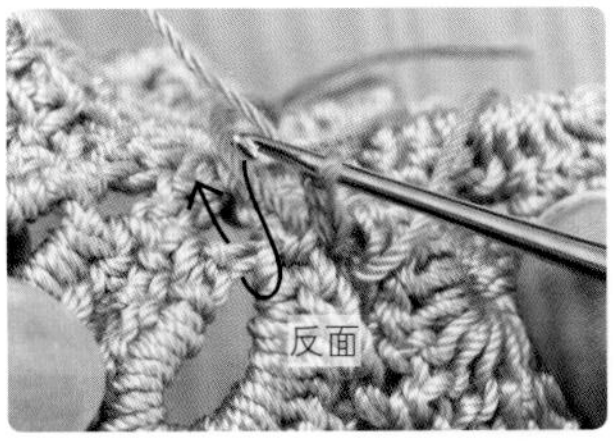

1 钩织1针锁针，如箭头所示，从织片的后面将钩针插入第1行锁针的线圈（★）中，钩织短针。

2 入针后的样子。

3 短针钩织完成的样子。继续钩织12针锁针，在第2针中引拔，钩织1针锁针。

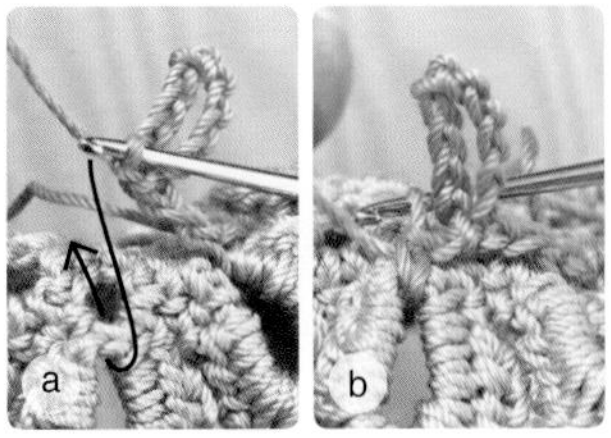

4 同步骤*1*，如图a中箭头所示，从织片的后面将钩针插入第1行锁针的线圈（★）中，钩织短针。图b为钩织完成的样子。第3行在第1、2行的后面钩织。

第8行的钩织方法

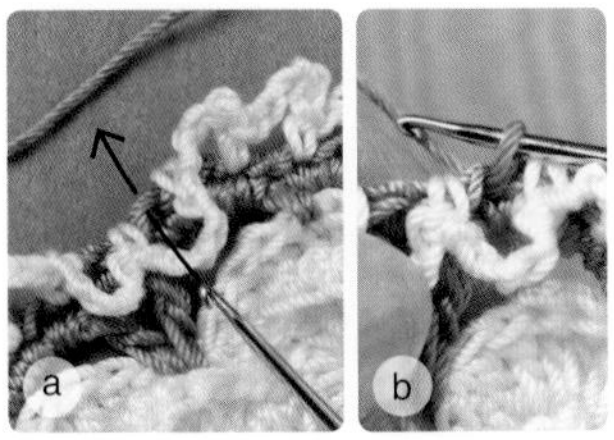

1 在第2行指定的短针处，如图a中箭头所示，从第3行的后面入针并拉出线。图b为拉出线的样子。

2 "钩织5针锁针，在第2行的短针处，从第3行如图a中箭头所示前面插入钩针，钩织短针。图b为入针后的样子。

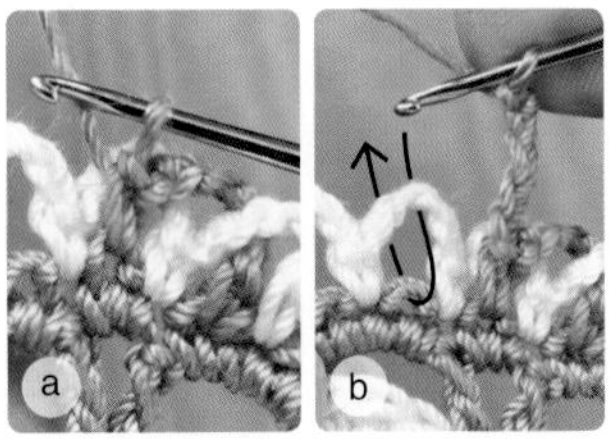

3 第3行前面的短针钩织完成的样子（图a）。继续钩织5针锁针，在第2行的短针处，如图b中箭头所示从第3行后面入针，钩织短针。

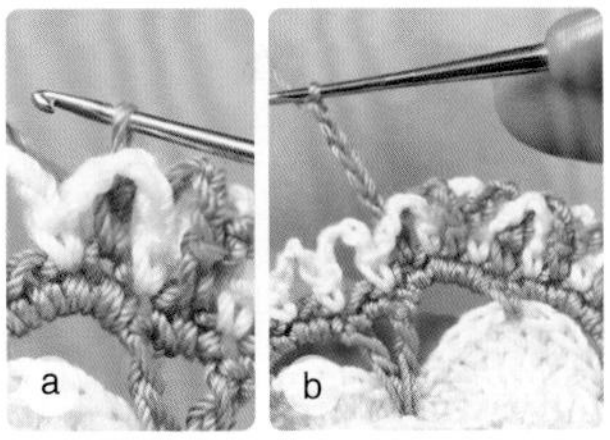

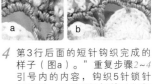

4 第3行后面的短针钩织完成的样子（图a）。"重复步骤*2~4*引号内的内容，钩织5针锁针和短针，让第3行与前后行相互交错。图b为钩织完多组花样的样子。

连接第13行小花上 X 的钩织方法

1 当钩织到与小花相连的前面的短针时，如箭头所示，从小花的后面插入钩针，钩针挂线。

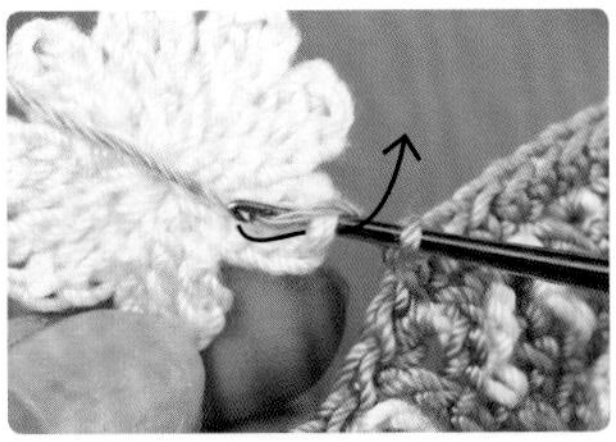

2 钩针挂线后的样子。如箭头所示拉出线，钩织短针。

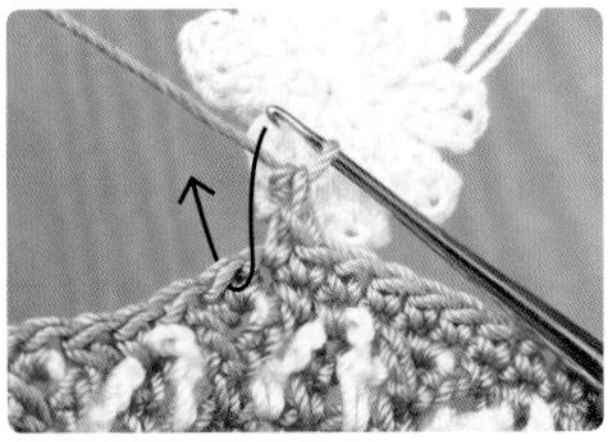

3 在小花上钩织短针，主体与小花连接完成。继续如箭头所示在主体上入针，钩织短针。

4 短针钩织完成。继续钩织主体。

第15行的 X 的钩织方法

1 如箭头所示，第15行的前2行的锁针处钩织的短针，要同时包住前1行和前2行的锁针钩织。

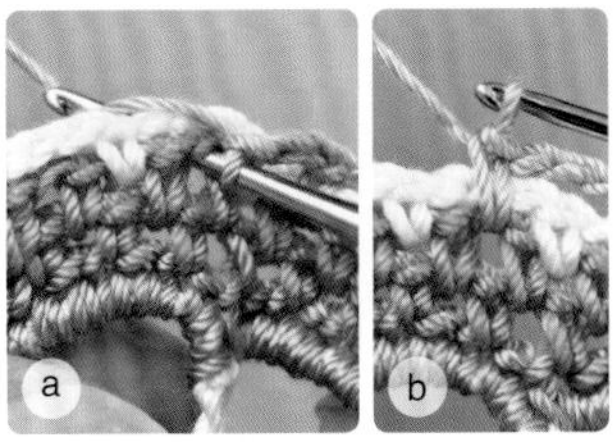

2 插入钩针的样子（图a）。图b为钩织完成的样子。

第18行的 T 的钩织方法

1 第18行的前2行的锁针处钩织的长针，钩针挂线，如箭头所示从前1行的前面整段挑取前2行的锁针钩织。

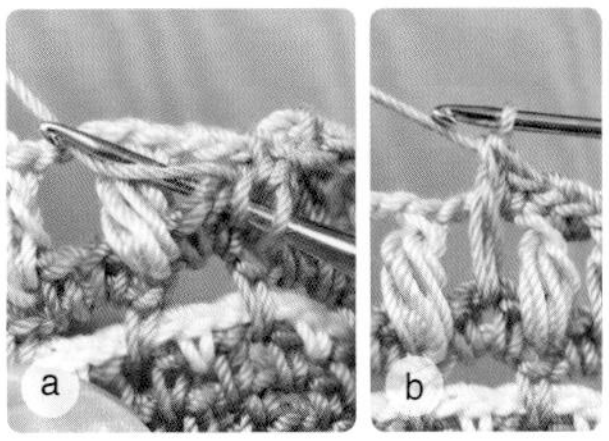

2 入针后的样子（图a）。图b为钩织完成的样子。

材料和工具

本书所用线和蕾丝编织工具的相关介绍

线

奥林巴斯

1）Emmy Grande
  棉100%，50g/团，约218m，56色；100g/团，约436m，8色，蕾丝针0号至钩针2/0号

2）Emmy Grande（Herbs）
  棉100%，20g/团，约88m，18色，蕾丝针0号至钩针2/0号

3）金票40号蕾丝线
  棉100%，10g/团，约89m，49色；50g/团，约445m，49色；100g/团，约890m，1色，蕾丝针6~8号

横田株式会社 DARUMA

4）蕾丝线 #30 葵
  棉（顶级比马棉）100%，25g/团，145m，21色，蕾丝针2~4号

5）蕾丝线 #40 紫野
  棉100%，10g/团，约82m，30色；25g/团，约204m，7色，蕾丝针6~8号

DMC

6）CEBELIA 10号
  棉100%，50g/团，约270m，39色，蕾丝针0~2号

7）CEBELIA 20号
  棉100%，50g/团，约270m，39色，蕾丝针2~4号

8）CEBELIA 30号
  棉100%，50g/团，约540m，39色，蕾丝针4~6号

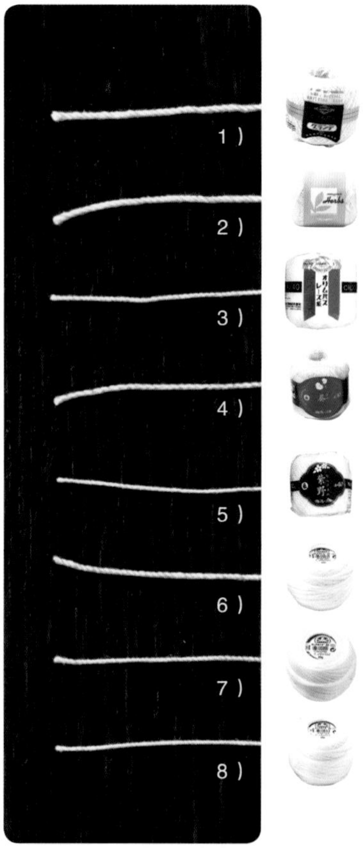

图片为实物大小

*1）~8）从上到下、从左到右分别为线名→材质→规格→线长→颜色数→适用针号，部分产品色号不同，品质也有所不同。
*均为2023年1月的情况。
*印刷刊物，可能会有色差。

工具

蕾丝针
针的粗细用号数表示，号数越大针越细。在钩织粗蕾丝线时也会使用钩针。

毛线缝针
编织结束藏线头时使用。推荐使用针尖圆滑的十字绣针。

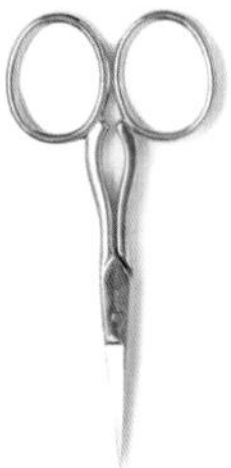

剪刀
方便剪断细小的部分，最好使用手工专用的剪刀。

整理作品时需要的工具 ※使用方法参照p.37
珠针、定型喷雾、毛巾、盆、画有作品完成尺寸的衬纸、描图纸、熨斗、熨烫台

作品制作方法

A　图／p.4

图／p.4

材料和工具

［线］　DMC
CEBELIA 10号/白色（BLANC）…16g
［针］　蕾丝针2号
［成品尺寸］　直径20cm
［密度］　长针/1行=0.6cm

编织要点

主体环形起针开始钩织，立织3针锁针，第1行钩织17针长针。第2~19行1个花样重复钩织6次。

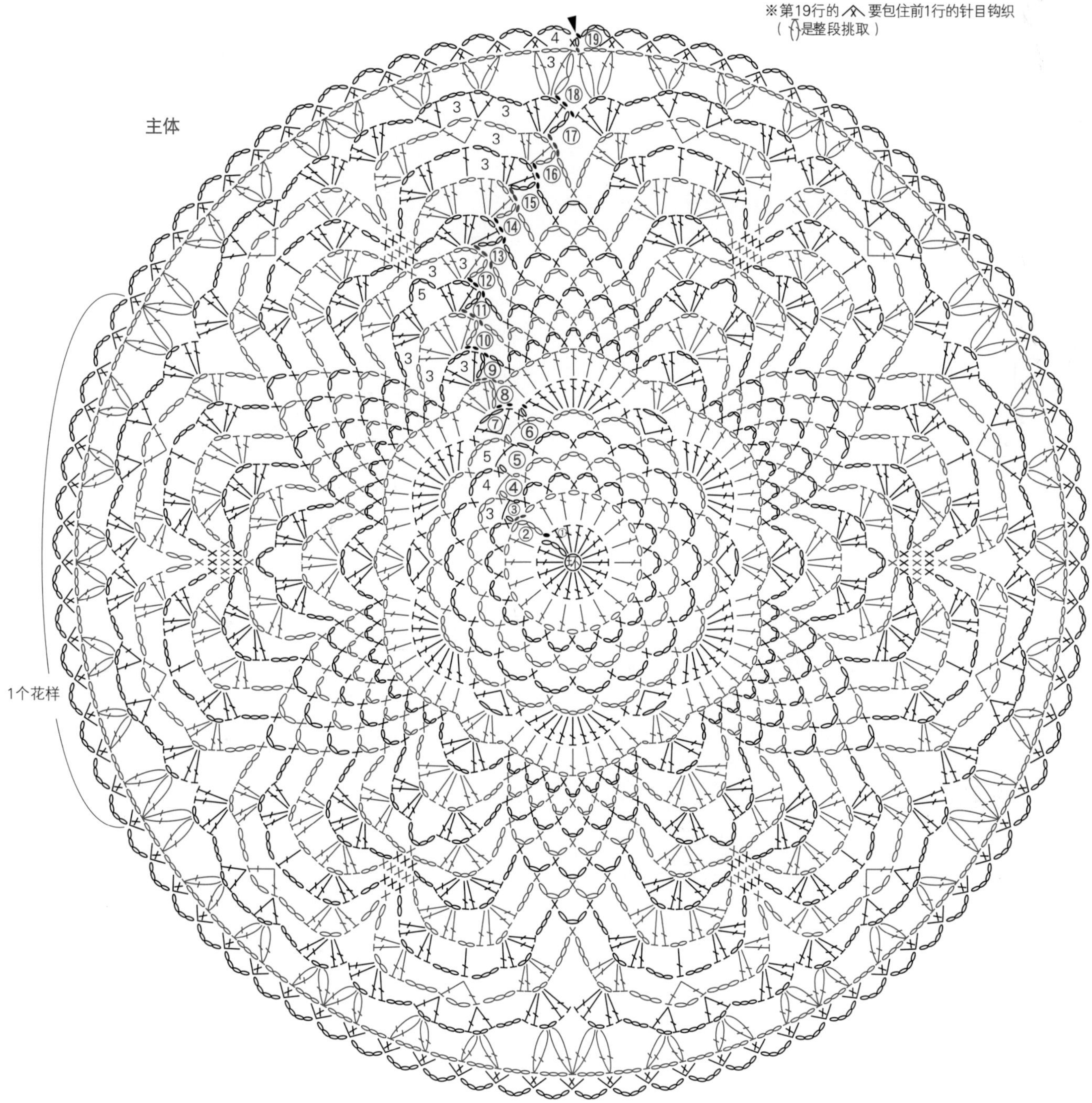

B 图／p.5

材料和工具

［线］ DMC

CEBELIA 10号/黑色（310）…20g

［针］ 蕾丝针4号

［成品尺寸］ 直径22.5cm

［密度］ 长针/1行=0.5cm

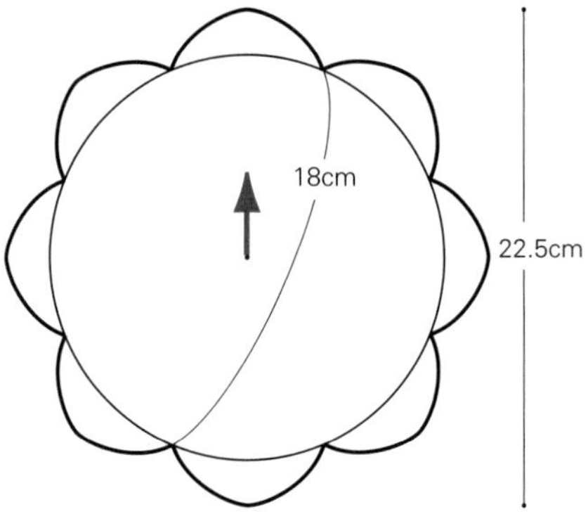

编织要点

主体环形起针开始钩织，立织3针锁针，第1行钩织15针长针。第2~21行1个花样重复钩织8次。

主体

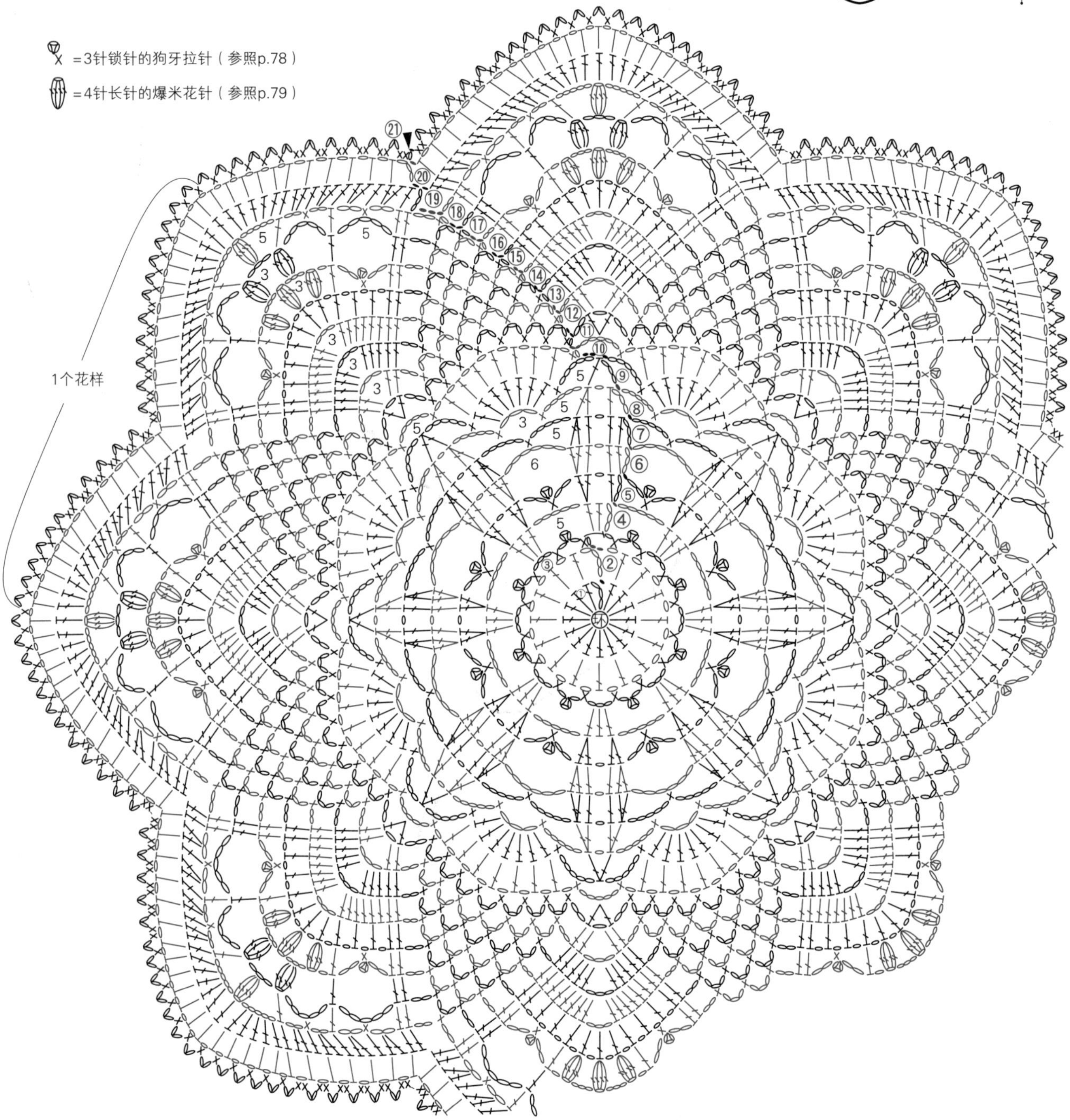

C　图／p.6

材料和工具

［线］　奥林巴斯

Emmy Grande/米白色（804）…19g

［针］　蕾丝针0号

［成品尺寸］　直径25.5cm

［密度］　长针/1行＝0.7cm

编织要点

主体环形起针开始钩织，第1行钩织8针短针。第2~12行如图所示，1个花样重复钩织8次。第13~20行往返钩织，每一个花样分开钩织。各自接线，一边在两侧减针，一边做往返钩织。

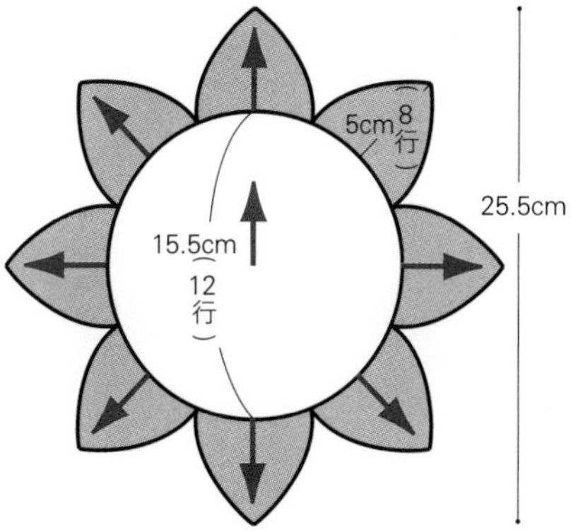

D 图 / p.7

材料和工具

［线］ DMC
CEBELIA 20号/米白色（3865）…13g
［针］ 蕾丝针6号
［成品尺寸］ 22cm × 20.5cm
［密度］ 长针/1行 = 0.5cm

编织要点

主体环形起针开始钩织，1个花样重复钩织6次，钩织22行。

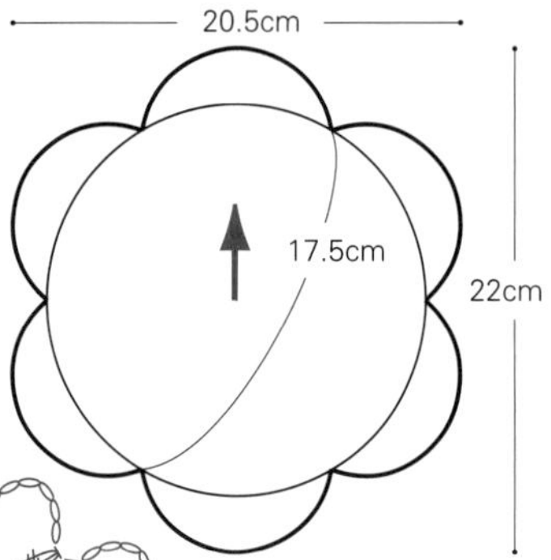

主体

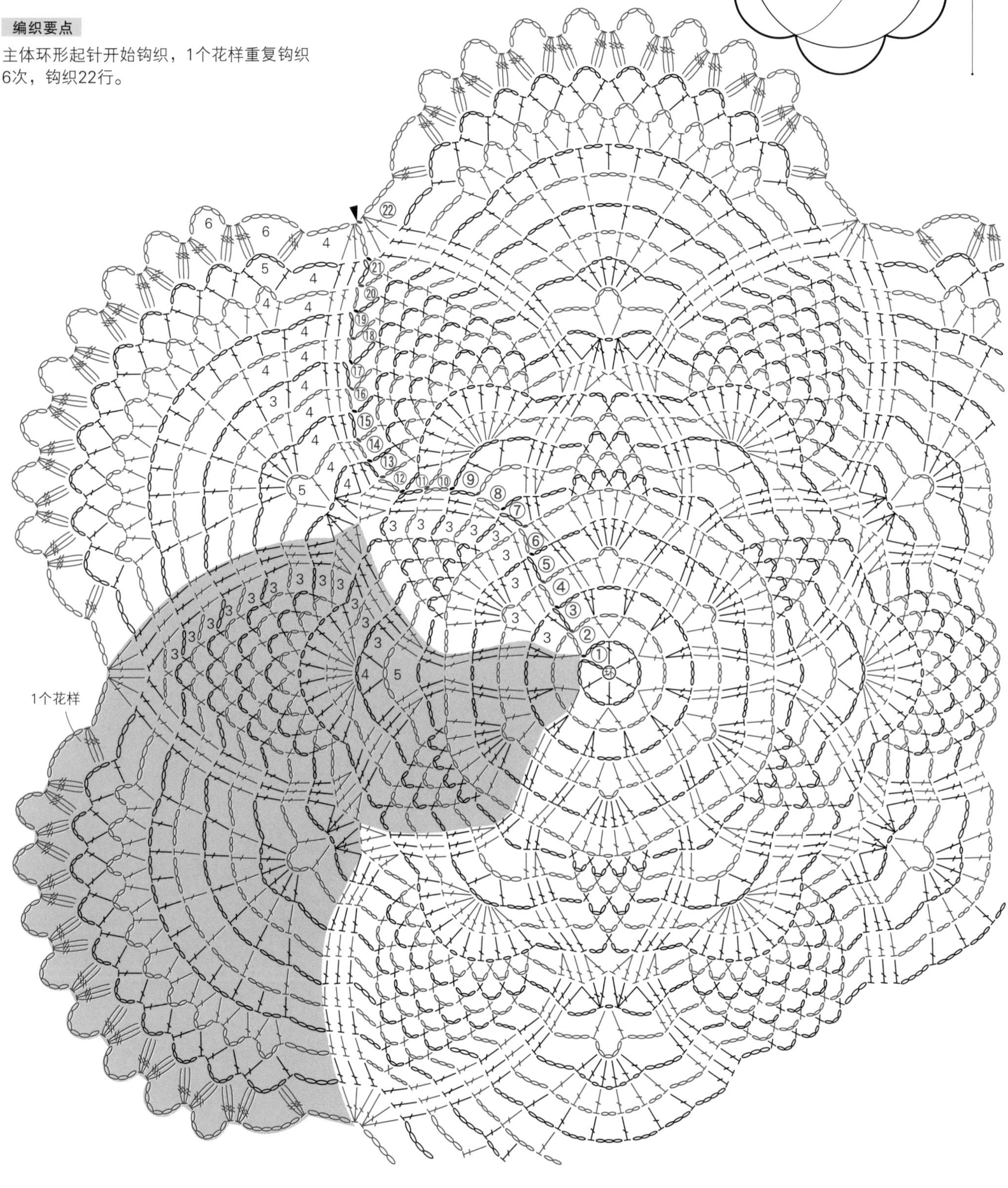

F　图／p.10

材料和工具

［线］　DARUMA

蕾丝线 #30 葵/米白色（15）…30g

［针］　蕾丝针4号

［成品尺寸］　边长24cm

［密度］　长针/1行＝0.6cm

编织要点

主体环形起针开始钩织，第1行钩织16针短针。第2~23行如图所示，1个花样重复钩织4次。

＝2针长针的枣形针（参照p.77）（挑起针目钩织）

＝3针长针的枣形针（参照p.77）（整段挑起钩织）

＝长针的正拉针（参照p.79）

＝3针锁针的狗牙拉针（参照p.78）

（第23行）＝4针锁针的狗牙拉针

（第16行）＝××

※第5~12行最后的 包住立织的锁针钩织

主体

※第19、21行的×、、＝挑起前1行的 的针目钩织

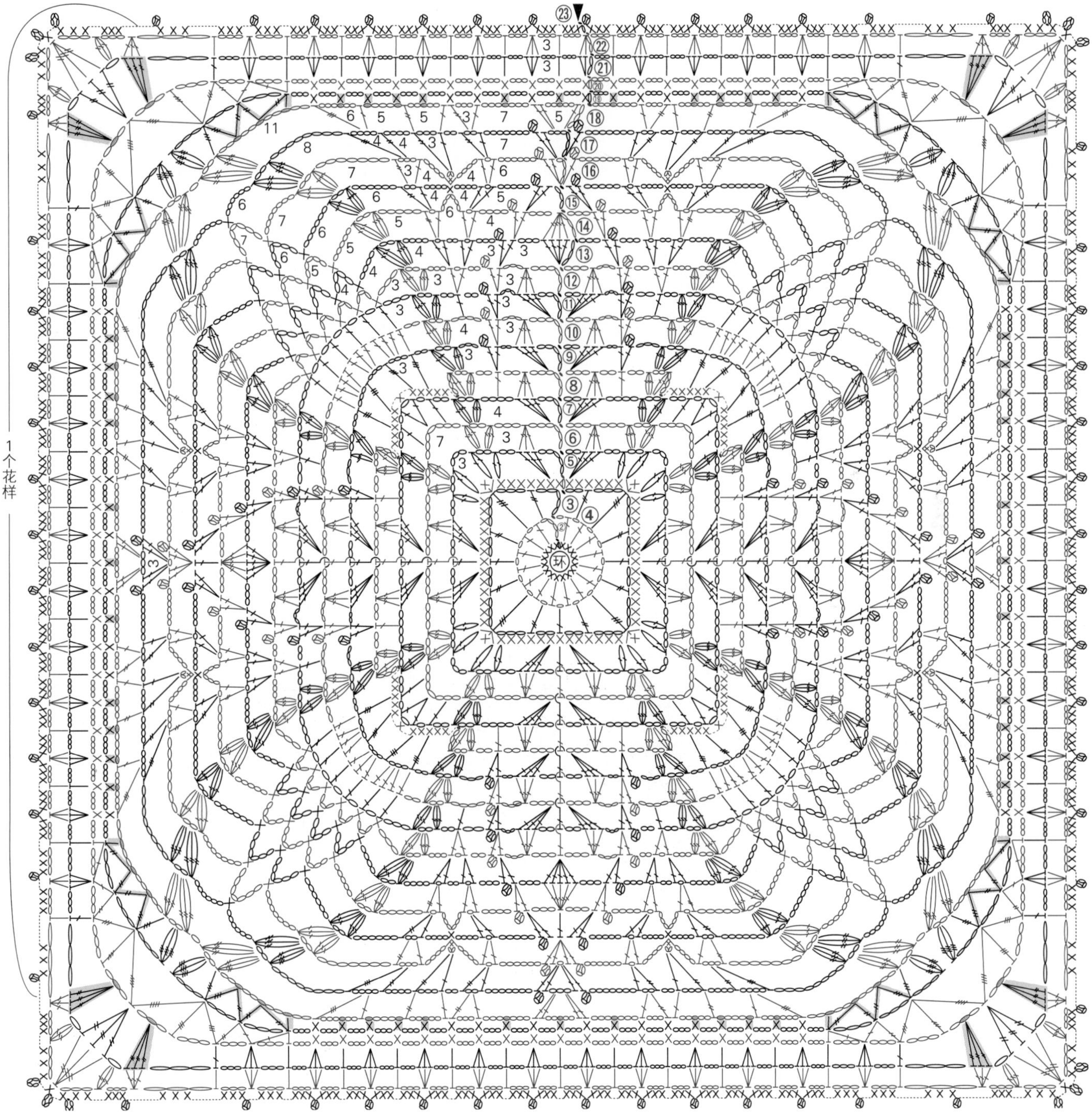

E　图 / p.8

材料和工具

［线］　奥林巴斯
金票40号蕾丝线/米白色（802）…25g
［针］　蕾丝针8号
［成品尺寸］　25cm×28cm
［密度］　长针/1行＝0.5cm

编织要点

主体钩织10针锁针起针，在第1针引拔形成环。第1行包住锁针整段挑起钩织。第2~29行参照图解钩织。

主体
左侧

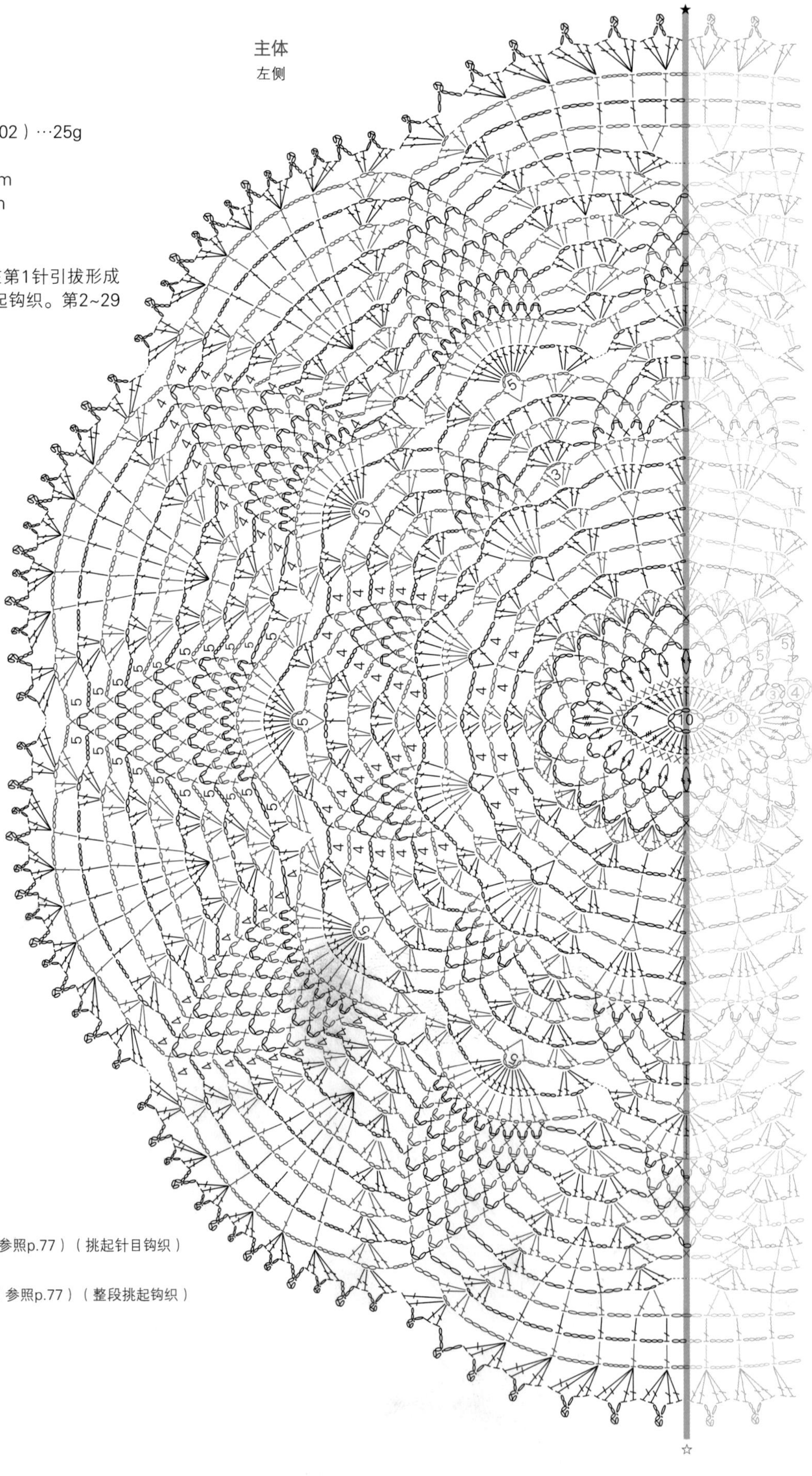

＝2针长长针的枣形针（参照p.77）（挑起针目钩织）

＝2针3卷长针的枣形针（参照p.77）（整段挑起钩织）

主体

右侧

※请将p.46、p.47的★ ▬▬ ☆对齐重叠观看

G 图／p.11

材料和工具

［线］ DMC
CEBELIA 20号/米白色（3865）…12g
［针］ 蕾丝针6号
［成品尺寸］ 直径21cm
［密度］ 长针/1行＝0.4cm

编织要点

主体环形起针开始钩织，1个花样重复6次，钩织29行。第27行参照p.49的图，从指定针目挑针钩织。

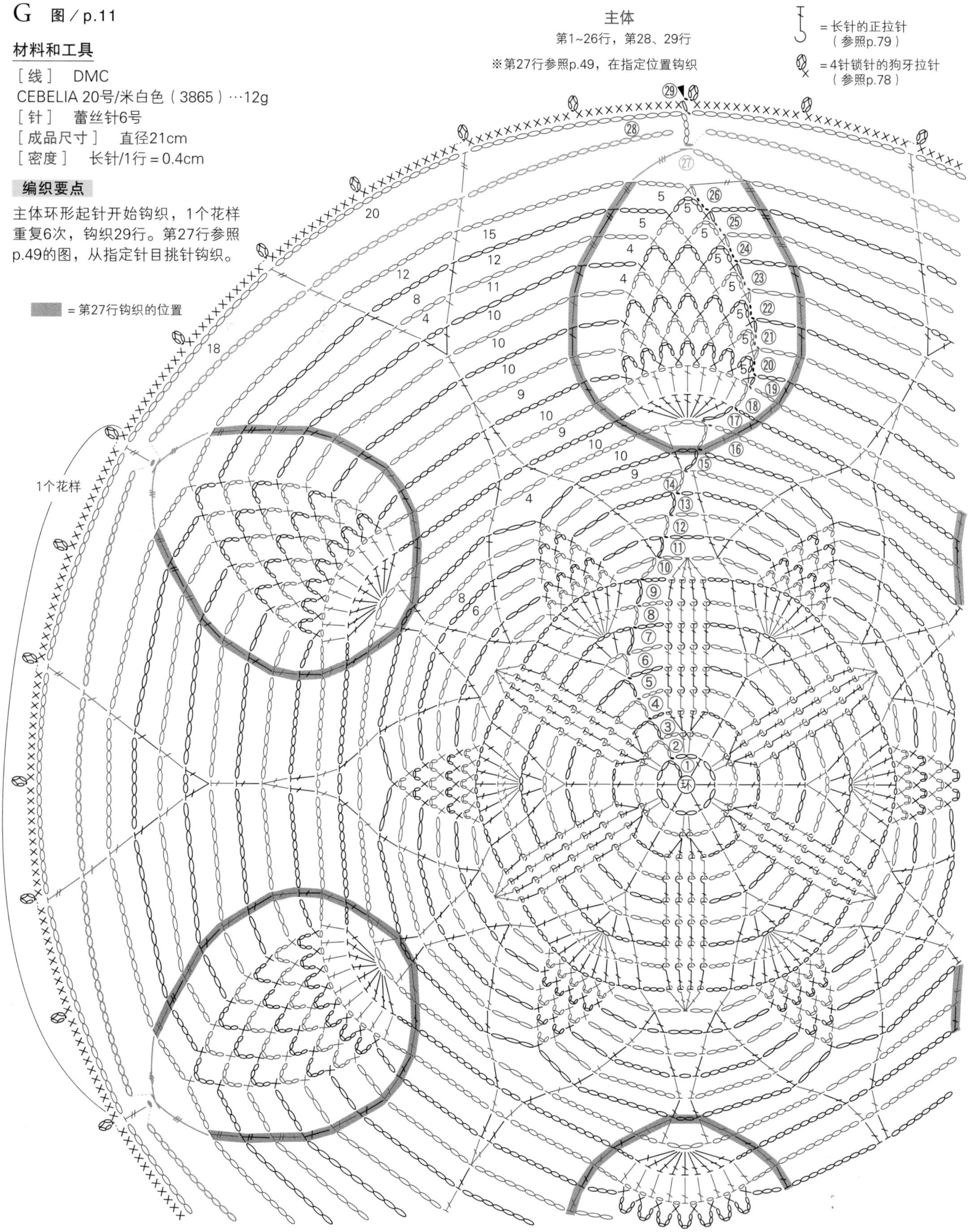

主体

第27行

※钩织完第26行，第27行围绕菠萝花样（6处）钩织饰边，继续按下图钩织

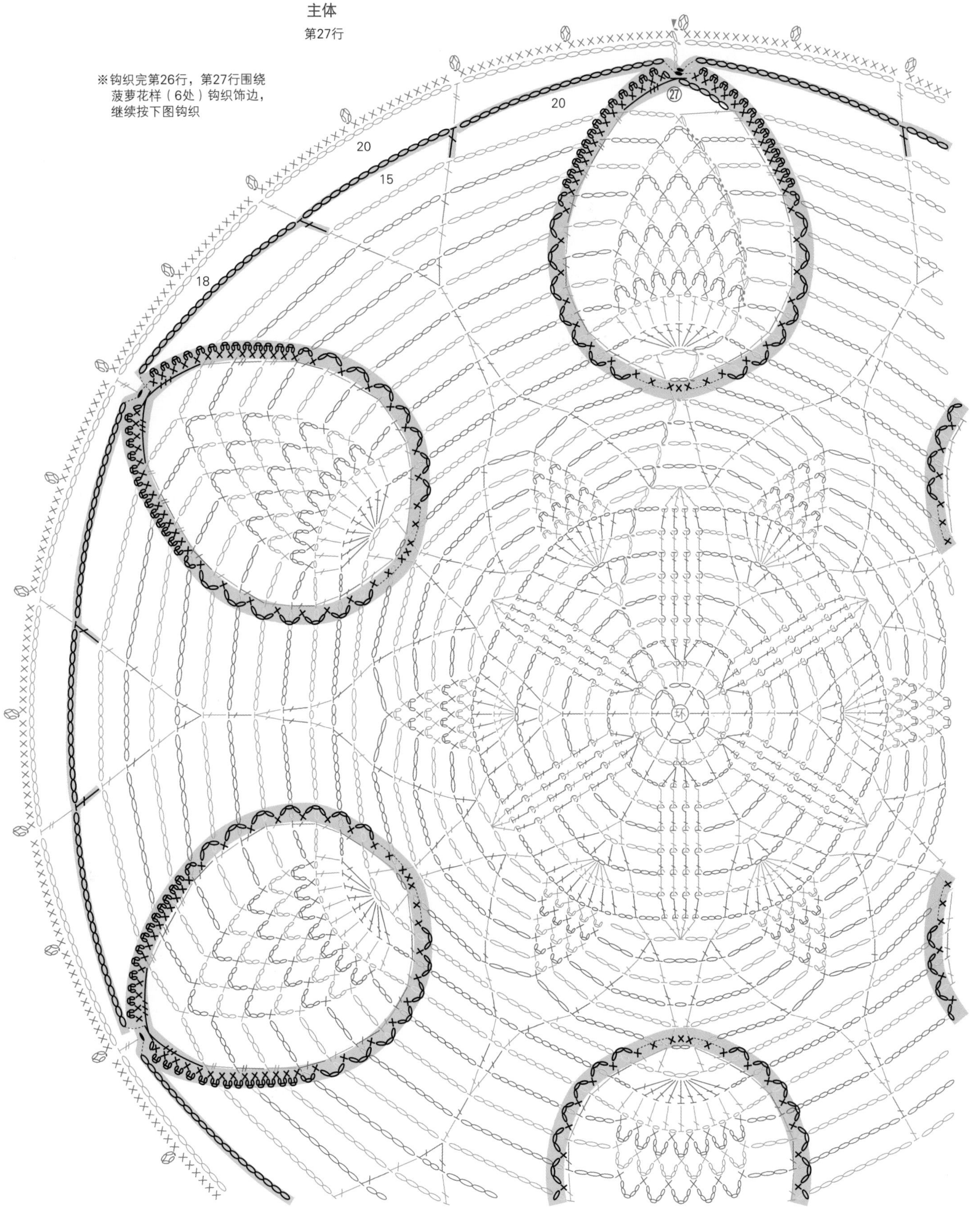

H 图 / p.12

材料和工具

［线］ DARUMA
蕾丝线 #30 葵/浅驼色（3）…25g
［针］ 蕾丝针4号
［成品尺寸］ 直径22.5cm
［密度］ 长针/1行＝0.5cm

编织要点

主体环形起针开始钩织，1个花样重复钩织4次，钩织到第8行。第9~22行如图所示，1个花样重复钩织8次，第23行如图所示1个花样重复钩织60次。

主体

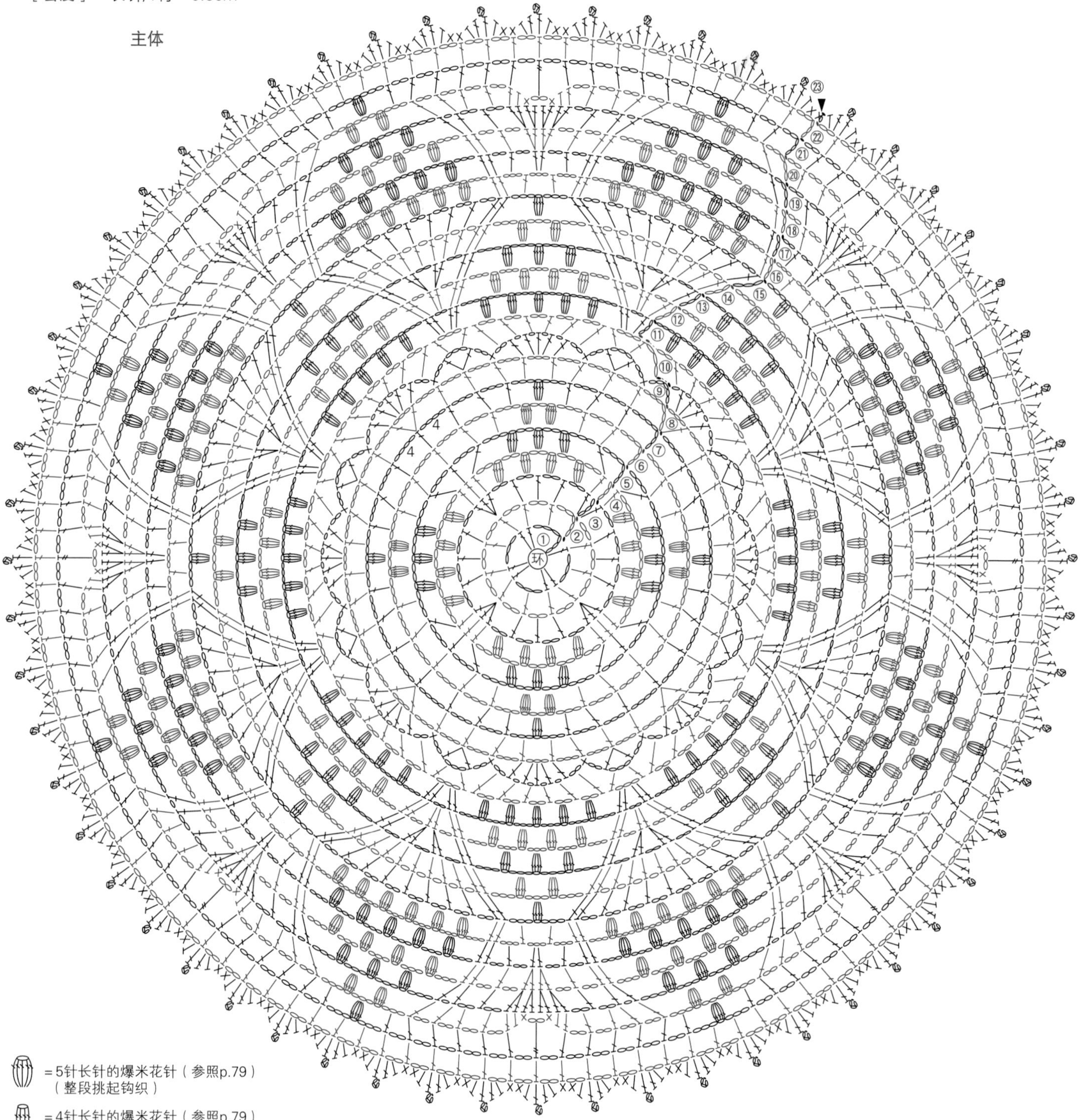

＝5针长针的爆米花针（参照p.79）
（整段挑起钩织）

＝4针长针的爆米花针（参照p.79）
（整段挑起钩织）

I　图／p.14

材料和工具

［线］　DMC
CEBELIA 10号/米白色（3865）…11g
［针］　蕾丝针2号
［成品尺寸］　直径17cm
［密度］　长针/1行＝0.5cm

编织要点

主体环形起针开始钩织，立织3针锁针，第1行钩织14针长针。第2~8行1个花样重复钩织5次。第9~16行如图所示，1个花样重复钩织10次。

主体

J 图／p.15

材料和工具

［线］ DARUMA
蕾丝线 #30 葵/米白色（15）…28g
［针］ 蕾丝针4号
［成品尺寸］ 直径25cm
［密度］ 长针/1行＝0.5cm

编织要点

主体环形起针开始钩织，立织3针锁针，第1行钩织19针长针。第2~24行1个花样重复钩织10次。

主体

K　图／p.16

材料和工具

［线］　DARUMA
蕾丝线 #40 紫野/象牙色（3）…15g
［针］　蕾丝针8号
［成品尺寸］　直径20cm
［密度］　长针/1行＝0.5cm

编织要点

主体钩织8针锁针起针，在第1针引拔形成环。1个花样重复钩织8次，钩织到第21行。

＝・在⬭内钩织

＝2针长针的枣形针（参照p.77）
（整段挑起钩织）

＝3针长针的枣形针（参照p.77）
（整段挑起钩织）

X＝短针的条纹针（参照p.78）

主体

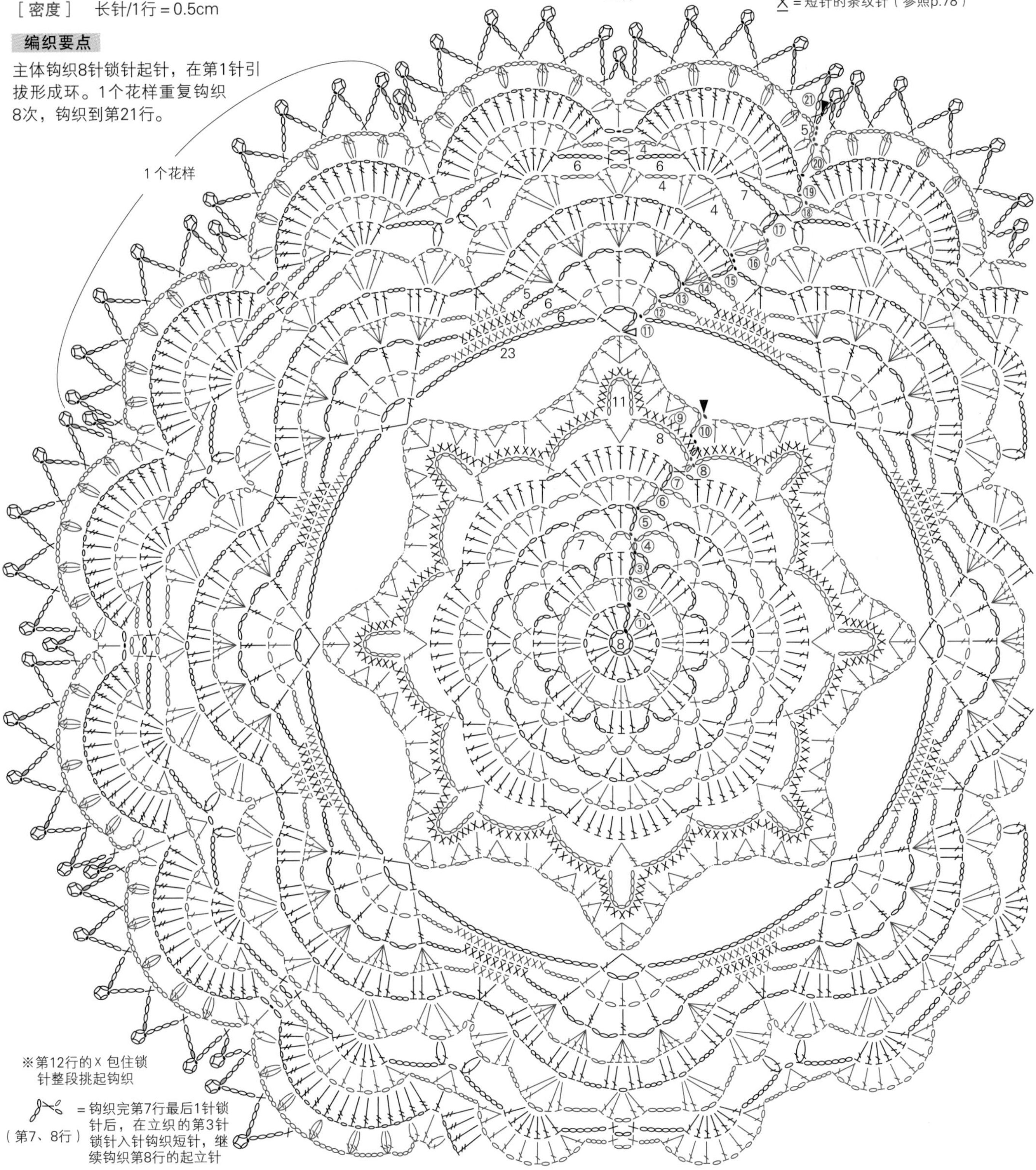

※第12行的X包住锁针整段挑起钩织

（第7、8行）＝钩织完第7行最后1针锁针后，在立织的第3针锁针入针钩织短针，继续钩织第8行的起立针

L 图／p.17

材料和工具

［线］ DARUMA
蕾丝线 #30 葵/藏青色（20）…25g
［针］ 蕾丝针6号
［成品尺寸］ 直径23.5cm
［密度］ 长针/1行＝0.5cm

编织要点

主体环形起针开始钩织，1个花样重复钩织12次，钩织到第22行。第23~25行如图所示，1个花样重复钩织27次。

M　图／p.18

材料和工具

［线］　DMC

CEBELIA 30号/黑色（310）…13g

［针］　蕾丝针8号

［成品尺寸］　直径23.5cm

［密度］　长针/1行＝0.4cm

编织要点

主体环形起针开始钩织，立织3针锁针，第1行钩织23针长针。第2~8行1个花样重复钩织24次。第9~23行如图所示，1个花样重复钩织12次。

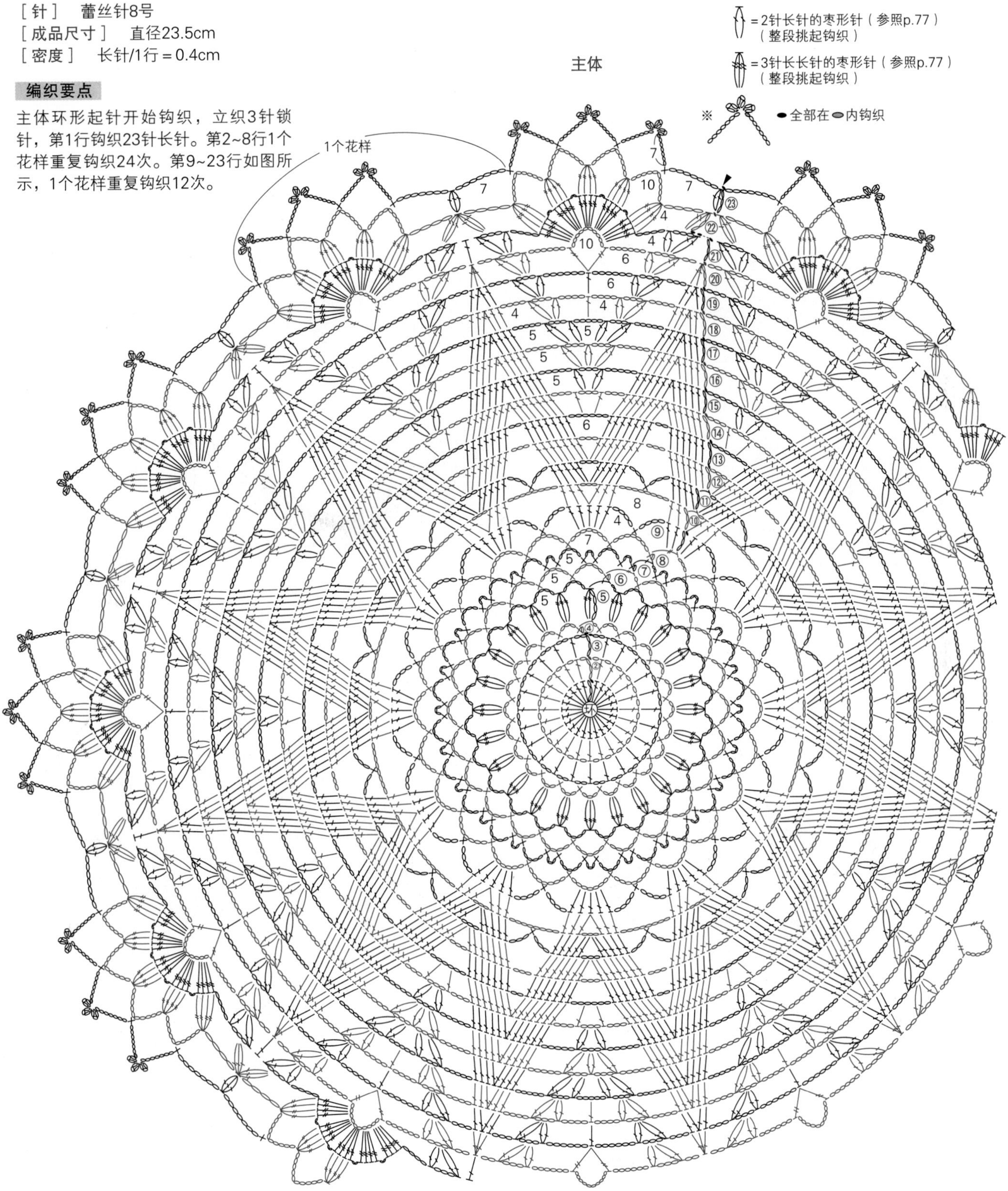

N 图／p.20

材料和工具

［线］ DMC
CEBELIA 10号/米白色（3865）…32g
［针］ 蕾丝针2号
［成品尺寸］ 直径23.5cm
［密度］ 长针/1行＝0.5cm

编织要点

主体环形起针开始钩织，1个花样重复钩织12次，钩织到第10行。第11~21行如图所示，1个花样重复钩织24次，第22~26行如图所示，1个花样重复钩织96次。第9、21行的短针要挑起前1行锁针的后面半针钩织。

主体 第1~21行

※第7行的X，一边包住第6行的锁针，一边整段挑起第5行的锁针钩织

X̲ = 短针的条纹针（参照p.78）

主体

第22~26行

※第26行的X，一边包住第25行的锁针，
一边整段挑起第24行的锁针钩织

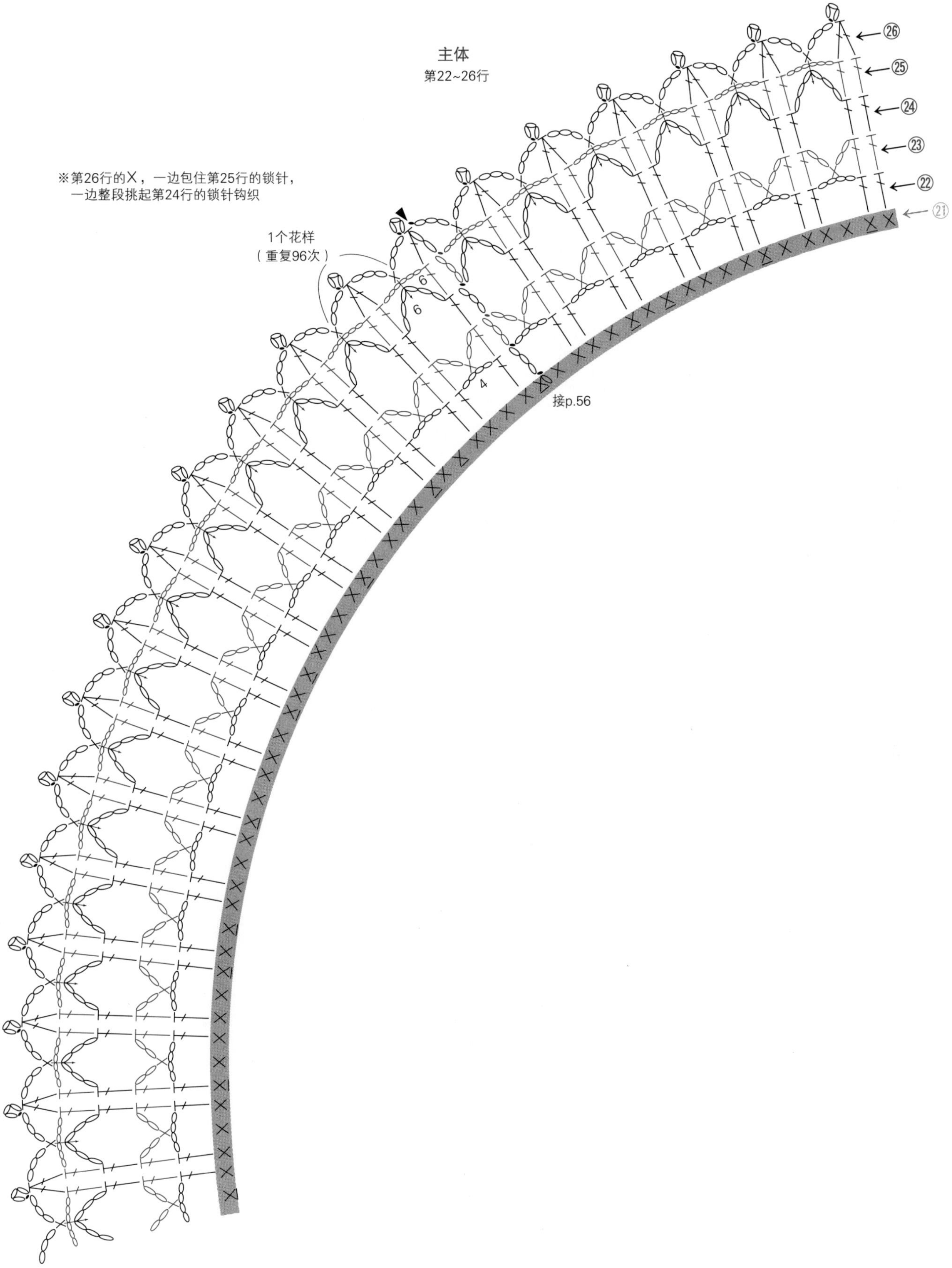

O　图／p.22

材料和工具

［线］ DMC
CEBELIA 30号/米白色（3865）…30g
［针］ 蕾丝针8号
［成品尺寸］ 直径28cm
［密度］ 长针/1行＝0.5cm

编织要点

主体钩织8针锁针起针，在第1针引拔形成环。第1行立织3针锁针，钩织15针长针。第2~44行如图所示，1个花样重复钩织8次。钩织第20行的长针和第43行的长长针时，当前1行的挑针针目是锁针时，要挑起锁针后面的半针和里山钩织。

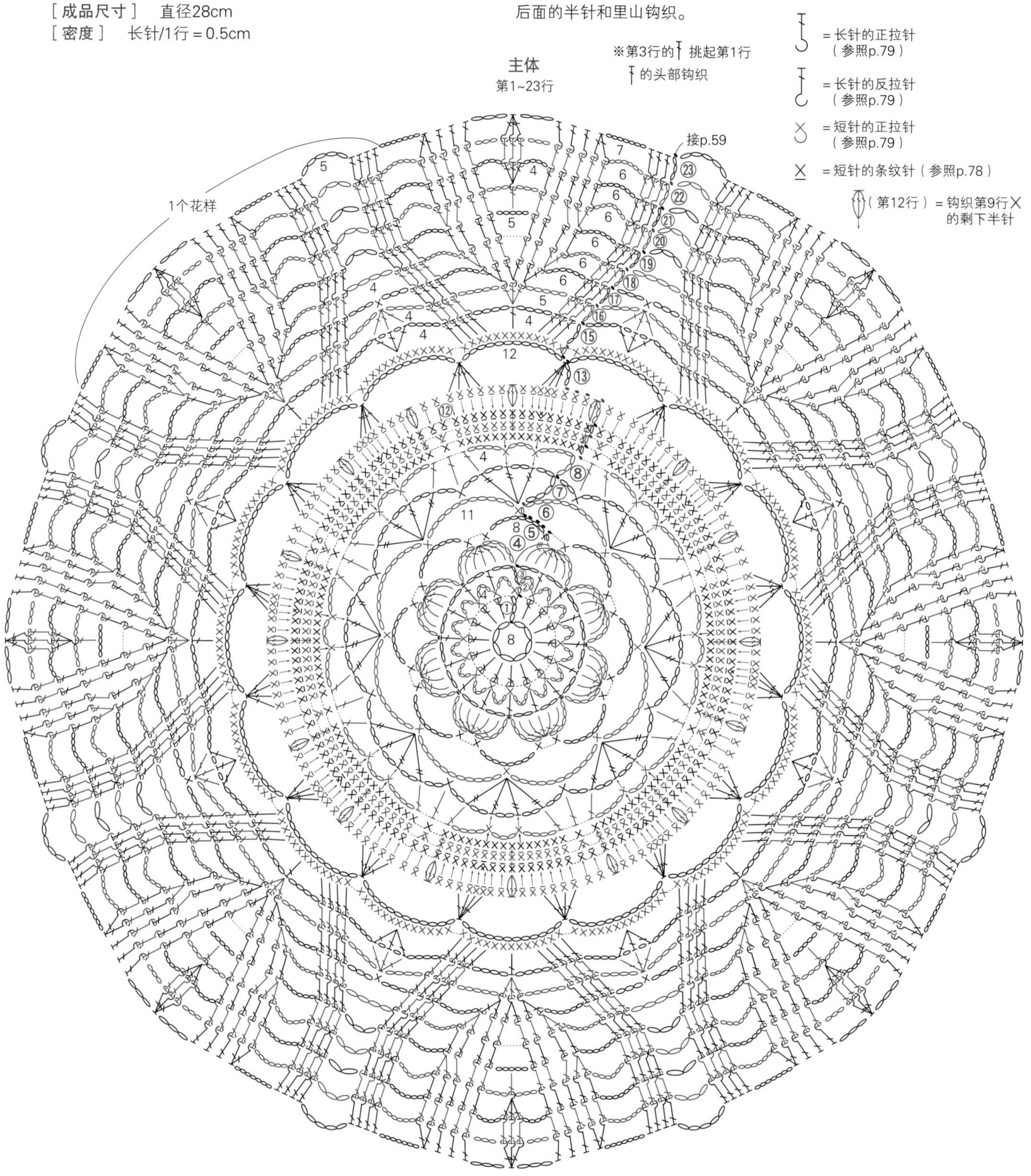

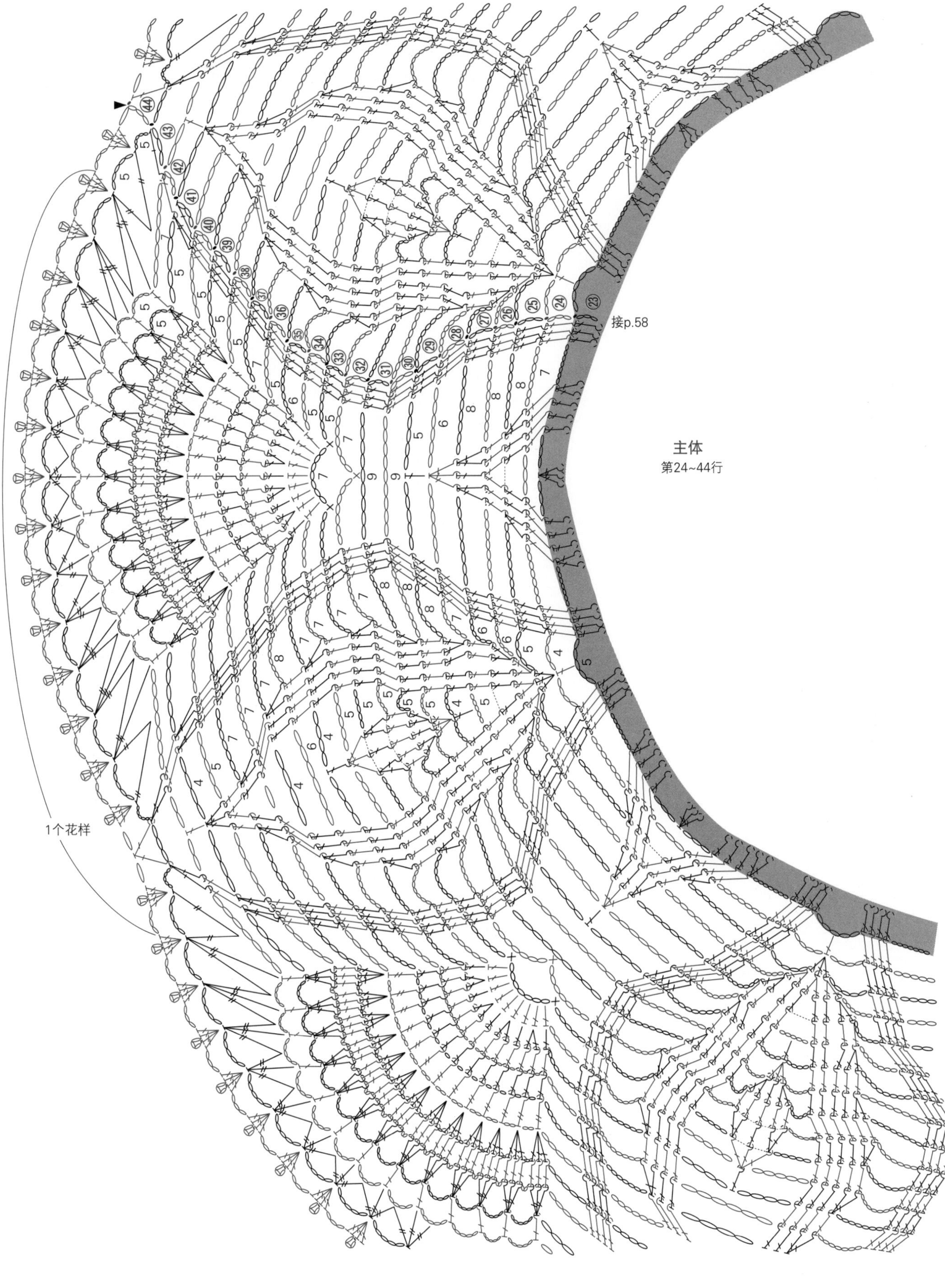

主体
第24~44行
接p.58
1个花样

R　图／p.26　重点教程／p.38

图／p.26　重点教程／p.38

材料和工具

［线］　DMC

CEBELIA 10号/浅米色（712）…20g，浅驼色（739）、沙米色（842）…各2g

［针］　蕾丝针2号

［成品尺寸］　直径19cm

［密度］　长针/1行＝0.5cm

编织要点

主体环形起针开始钩织，1个花样重复钩织8次，钩织到第19行。第20行参照p.61的图解，在指定的针目处挑线钩织。参照图解钩织8朵花，缝合在主体指定位置。

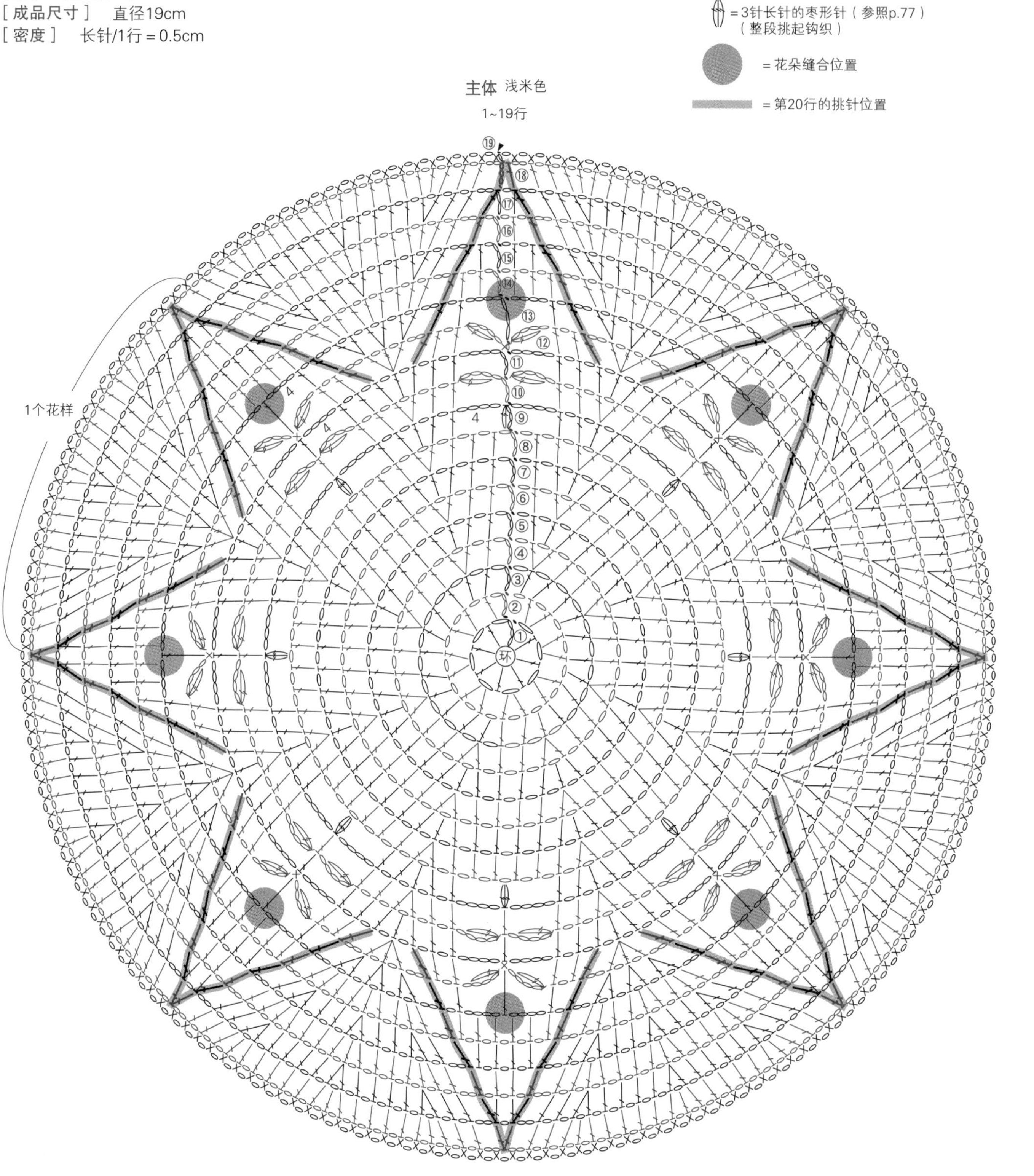

花朵 8朵

底座　沙米色

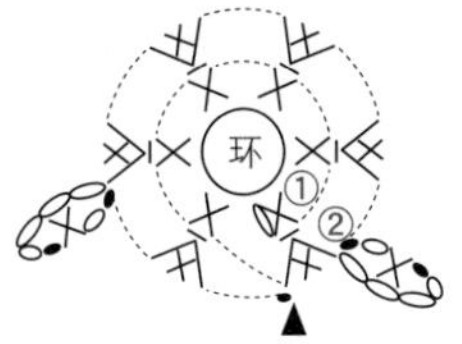

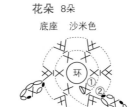

X = 短针的条纹针（参照p.78）

花瓣　浅驼色

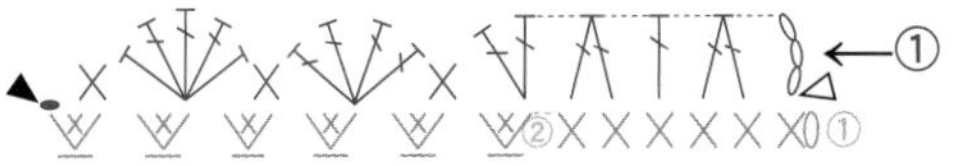

※在底座第1行剩下的前面半针挑针钩织花瓣。第2行钩织部分在第2行针目头部的前面半针挑针钩织（参照p.38）

主体

第20行（参照p.38）

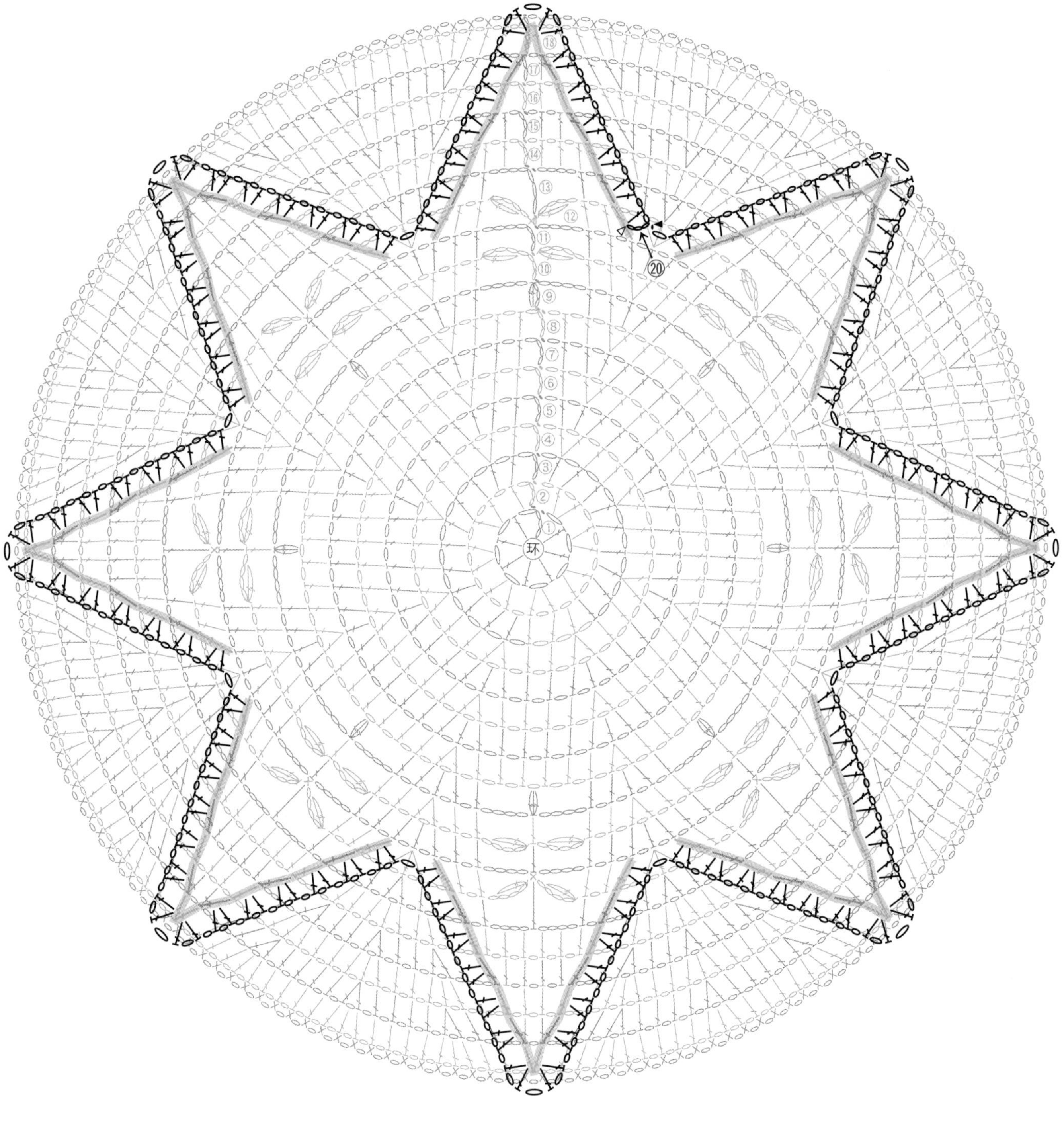

Q 图／p.25

材料和工具

［线］ DARUMA
蕾丝线 #30葵/米白色（15）…23g
［针］ 蕾丝针4号
［成品尺寸］ 直径25cm
［密度］ 长针/1行＝0.6cm

编织要点

主体环形起针开始钩织，第1行钩织8针短针。第2~6行如图所示1个花样重复钩织8次。第7行按照①~⑧的顺序钩织连接花片A，共钩织8片。主体第8行从花片A开始挑针钩织，第9、10行如图所示1个花样重复钩织8次，第11行钩织48个网眼。第12行按照❶~㉔的顺序钩织连接花片B，共钩织24片。主体第13行从花片B开始挑针钩织，第14、15行如图所示1个花样重复钩织24次。

花朵花片的连接方法

＝整段挑取箭头所指锁针的线圈钩织引拔针（参照p.36）

(第8行)=挑起连接花片的●的根部钩织

＝3针锁针的狗牙拉针（参照p.78）

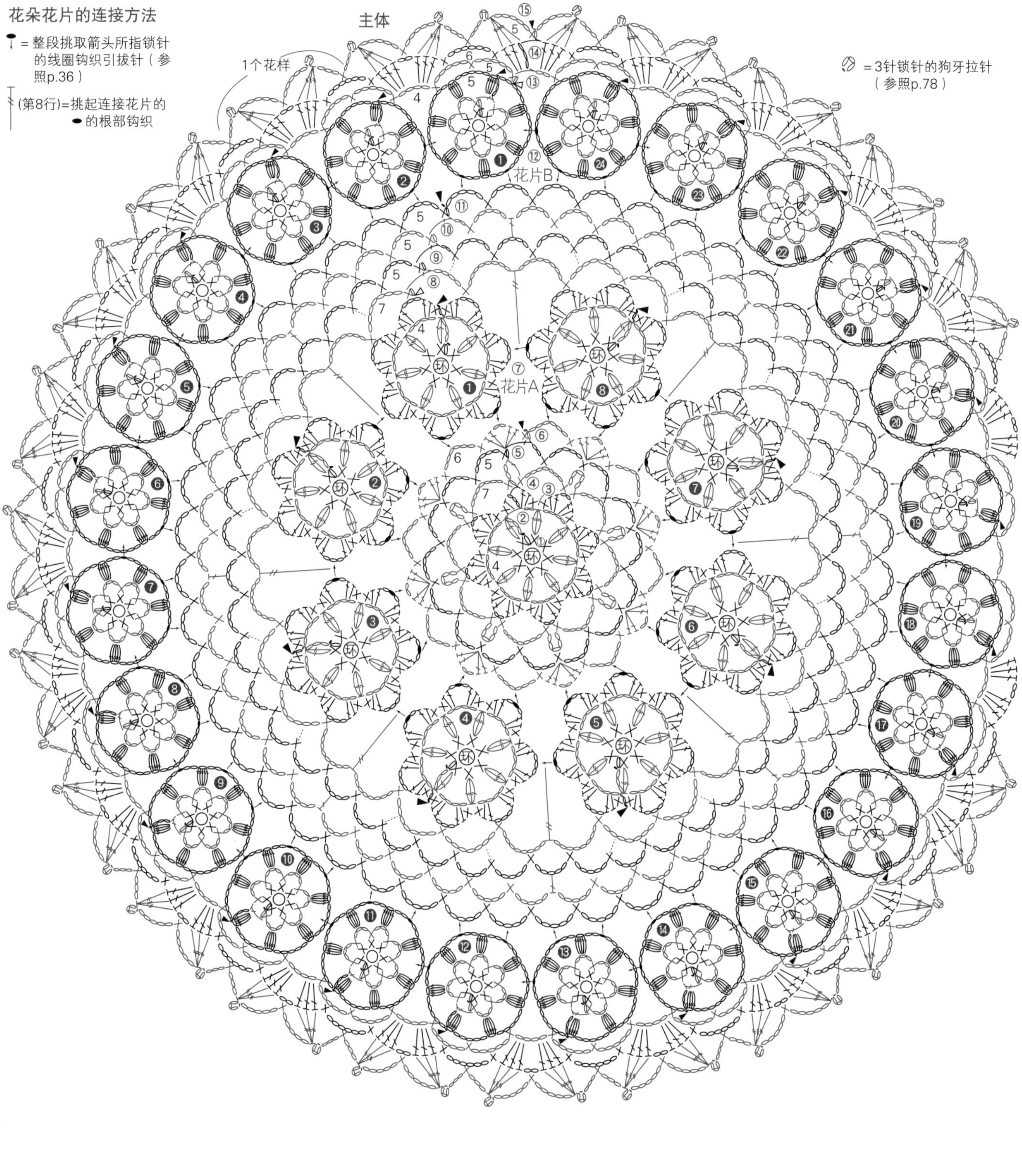

Q 花片A 8片

※第7行按照❶~❽的顺序，与主体第6行相邻的花片钩织连接

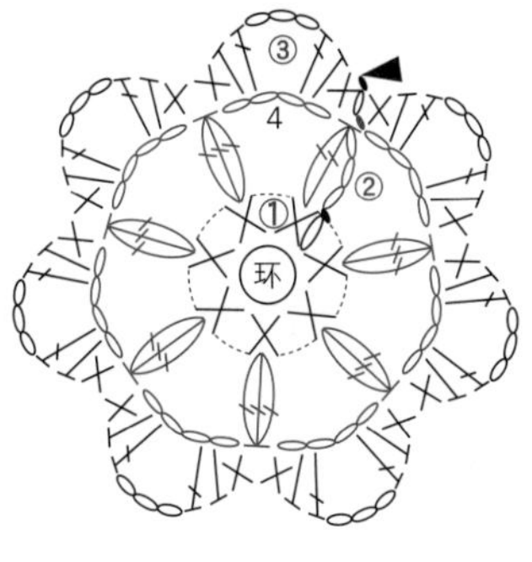

Q 花片B 24片

※第12行按照❶~㉔的顺序，与主体第11行相邻的花片钩织连接

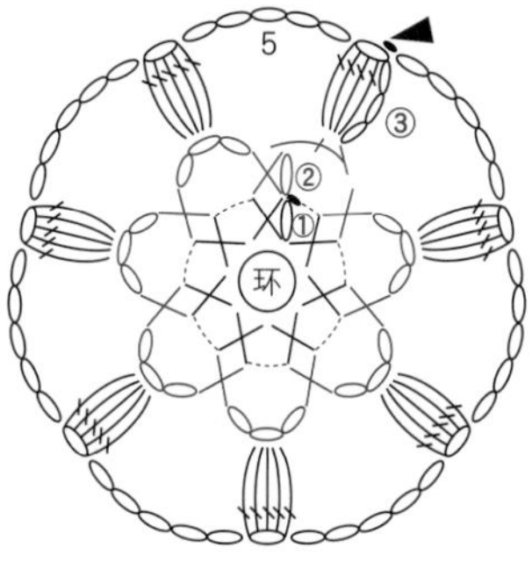

 =3针长针的枣形针（参照p.77）（挑起针目钩织）

 =5针长针的爆米花针（参照p.79）（整段挑起钩织）

P 图／p.24 重点教程／p.38

材料和工具

［线］ 奥林巴斯
Emmy Grande（Herbs）/自然色（732）…32g
［针］ 蕾丝针0号
［成品尺寸］ 直径25cm

编织要点

主体钩织10针锁针起针，在第1针引拔形成环。第1行钩织16针短针。第2~15行如图所示1个花样重复钩织8次。花片按照❶~⓯的顺序钩织连接，钩织15片。

叶子 5片

 =短针的条纹针（参照p.78）

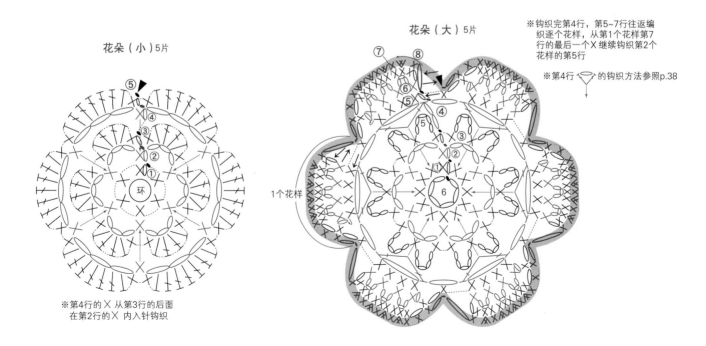

 =钩织3针短针的条纹针（参照p.78））

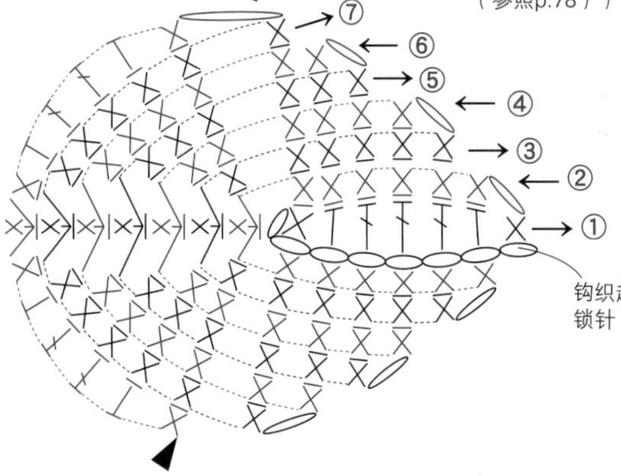

花朵（小）5片

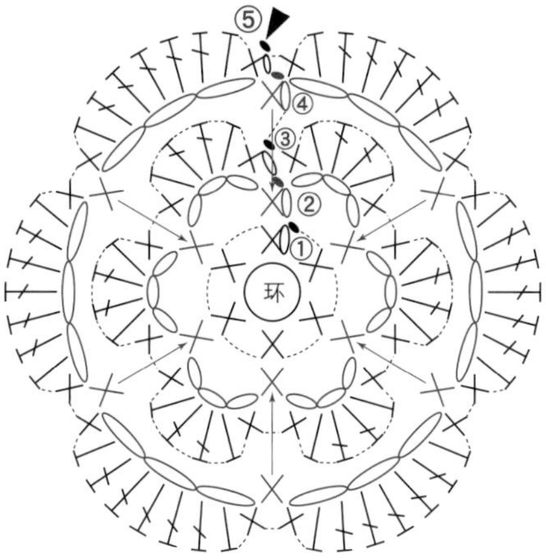

※第4行的X从第3行的后面在第2行的X内入针钩织

花朵（大）5片

※钩织完第4行，第5~7行往返编织逐个花样，从第1个花样第7行的最后一个X继续钩织第2个花样的第5行

※第4行 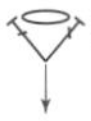 的钩织方法参照p.38

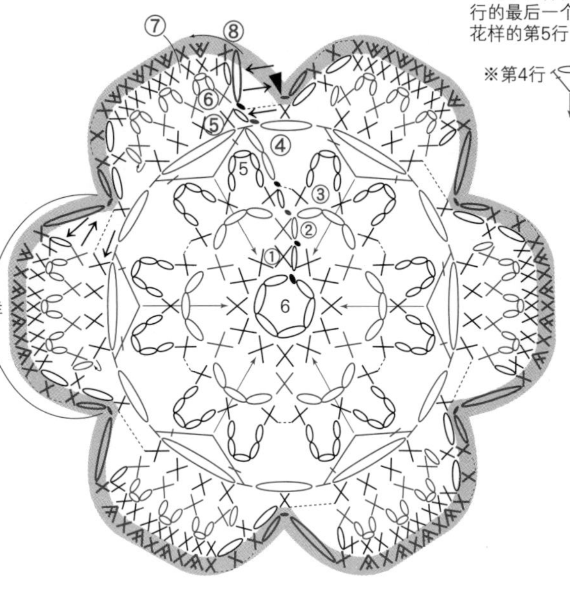

主体

=3针中长针的枣形针（挑起针目钩织）
※花片按照❶~⓯的顺序钩织连接
=用长针连接
=用短针连接
※花片的连接方法参照p.36、p.37
❶叶子
❷叶子
❸叶子
❹叶子
❺叶子
❻花朵（小）
❼花朵（小）
❽花朵（小）
❾花朵（小）
❿花朵（小）
⓫花朵（大）
⓬花朵（大）
⓭花朵（大）
⓮花朵（大）
⓯花朵（大）
10

T 图／p.29

材料和工具

［线］ DMC
CEBELIA 20号/米白色（3865）…13g
［针］ 蕾丝针6号
［成品尺寸］ 17.5cm × 18.5cm
［密度］ 长针/1行 = 0.5cm

编织要点

主体环形起针开始钩织，1个花样重复钩织6次，钩织19行。

×（第5行）=×在前一行的 和 之间入针钩织

= 5针长针的爆米花针（参照p.79）（整段挑起钩织）

※在第5行的锁针上钩织 时，要分开锁针的针目钩织

主体

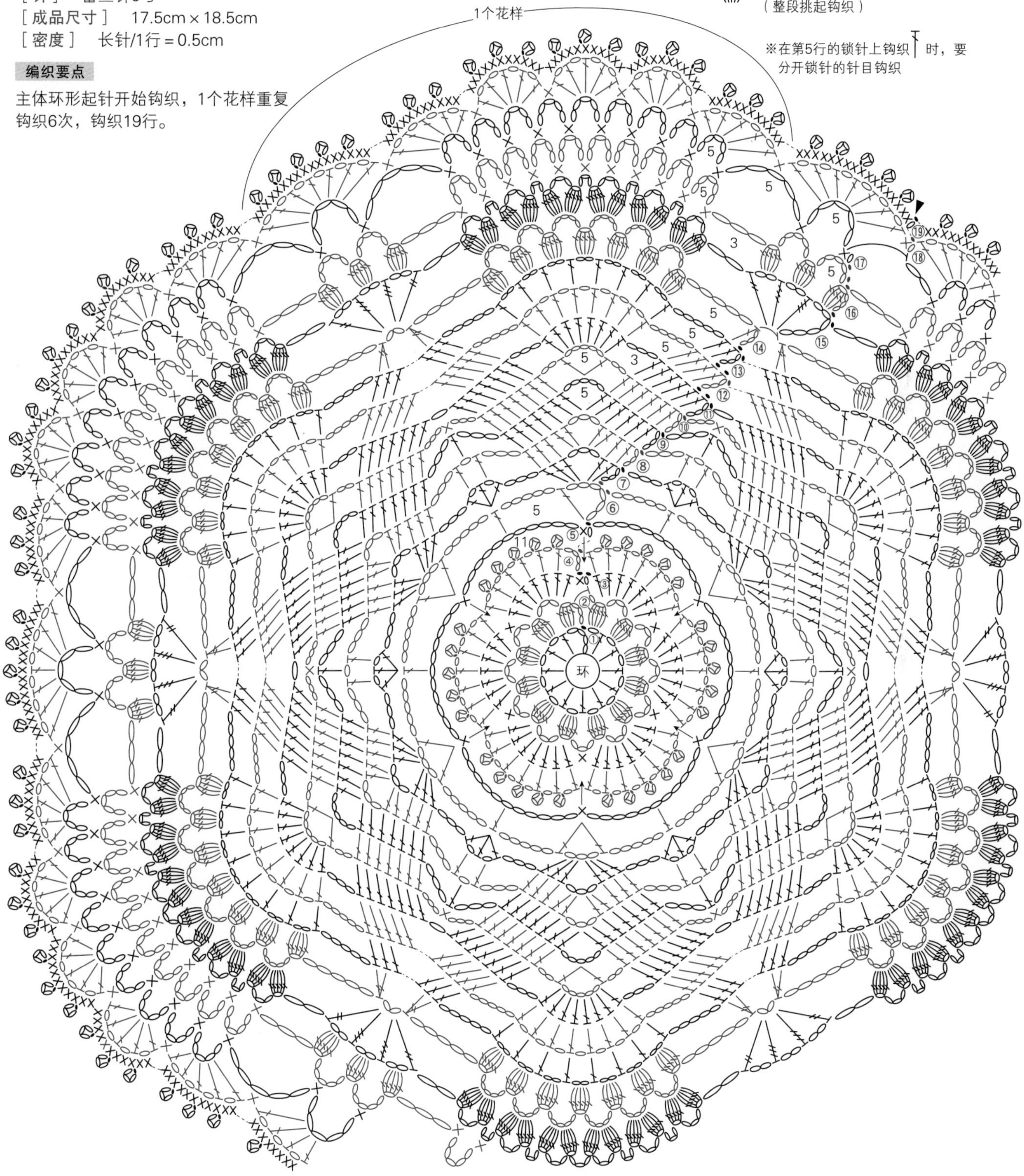

S 图 / p.28

材料和工具

［线］ 奥林巴斯
金票40号蕾丝线/米白色（802）…14g
［针］ 蕾丝针6号
［成品尺寸］ 18cm×26cm
［密度］ 长针/1行＝0.5cm

编织要点

从花片连接开始钩织。花片❶环形起针，参照图解钩织6行。接下来用与❶同样的方法钩织花片❷，钩织第6行时与❶连接（参照p.36）。用同样的方法连接花片❸。钩织完花片❸后参照图解继续钩织到主体的第21行。

主体 左侧 ※请将p.66、p.67的☆ ▬★对齐重叠观看

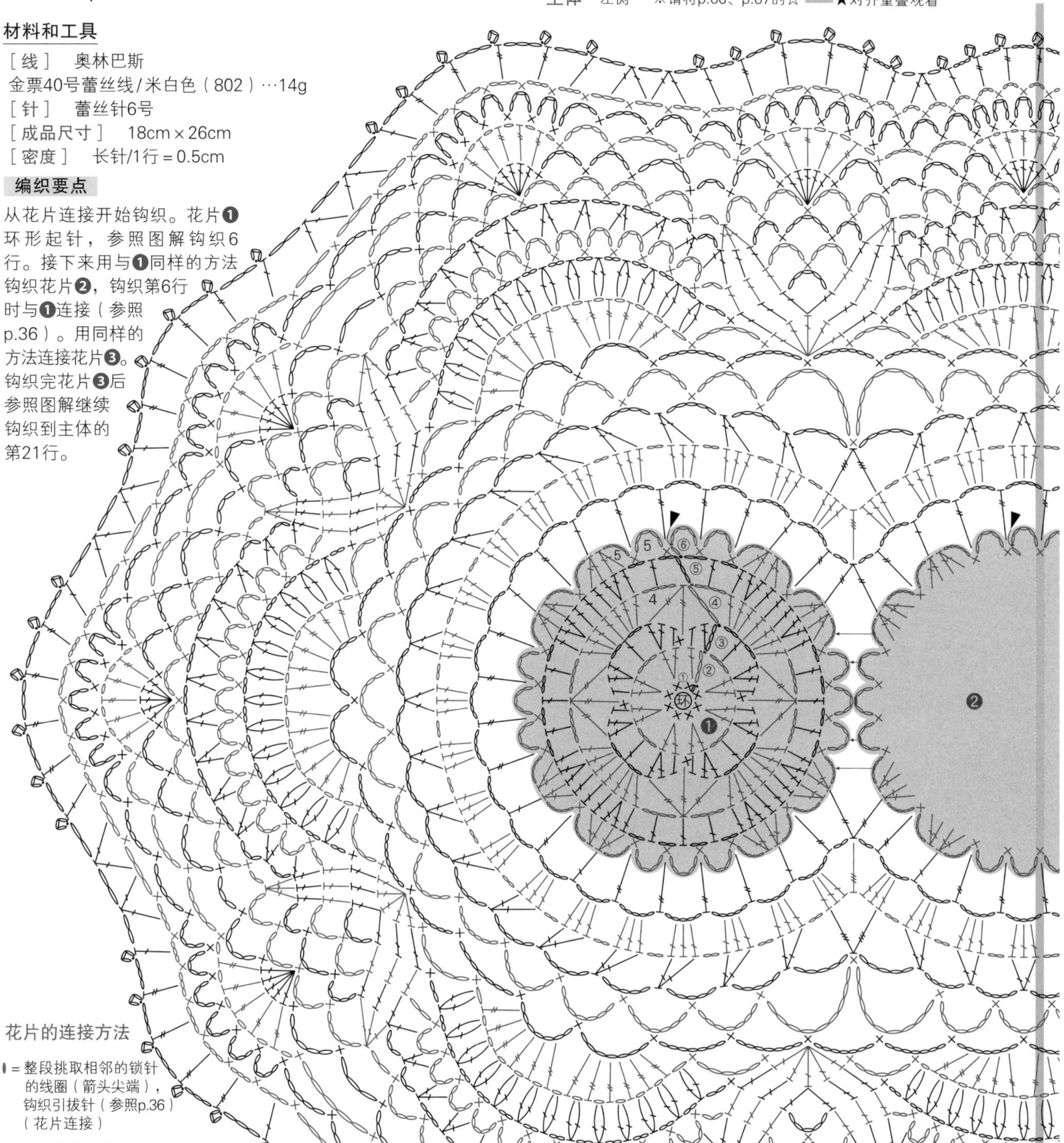

花片的连接方法

←▮＝整段挑取相邻的锁针的线圈（箭头尖端），钩织引拔针（参照p.36）（花片连接）

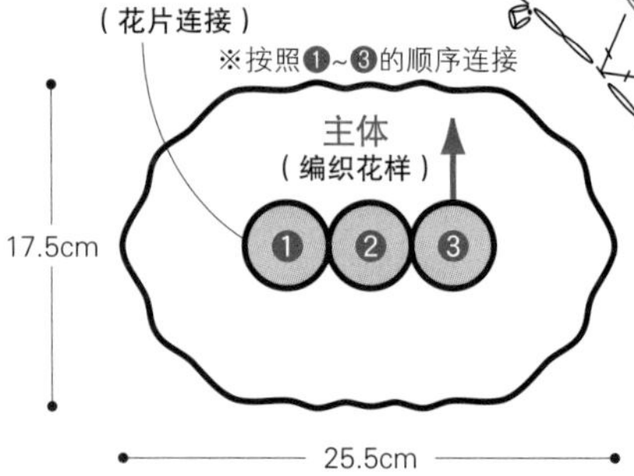

主体　右侧

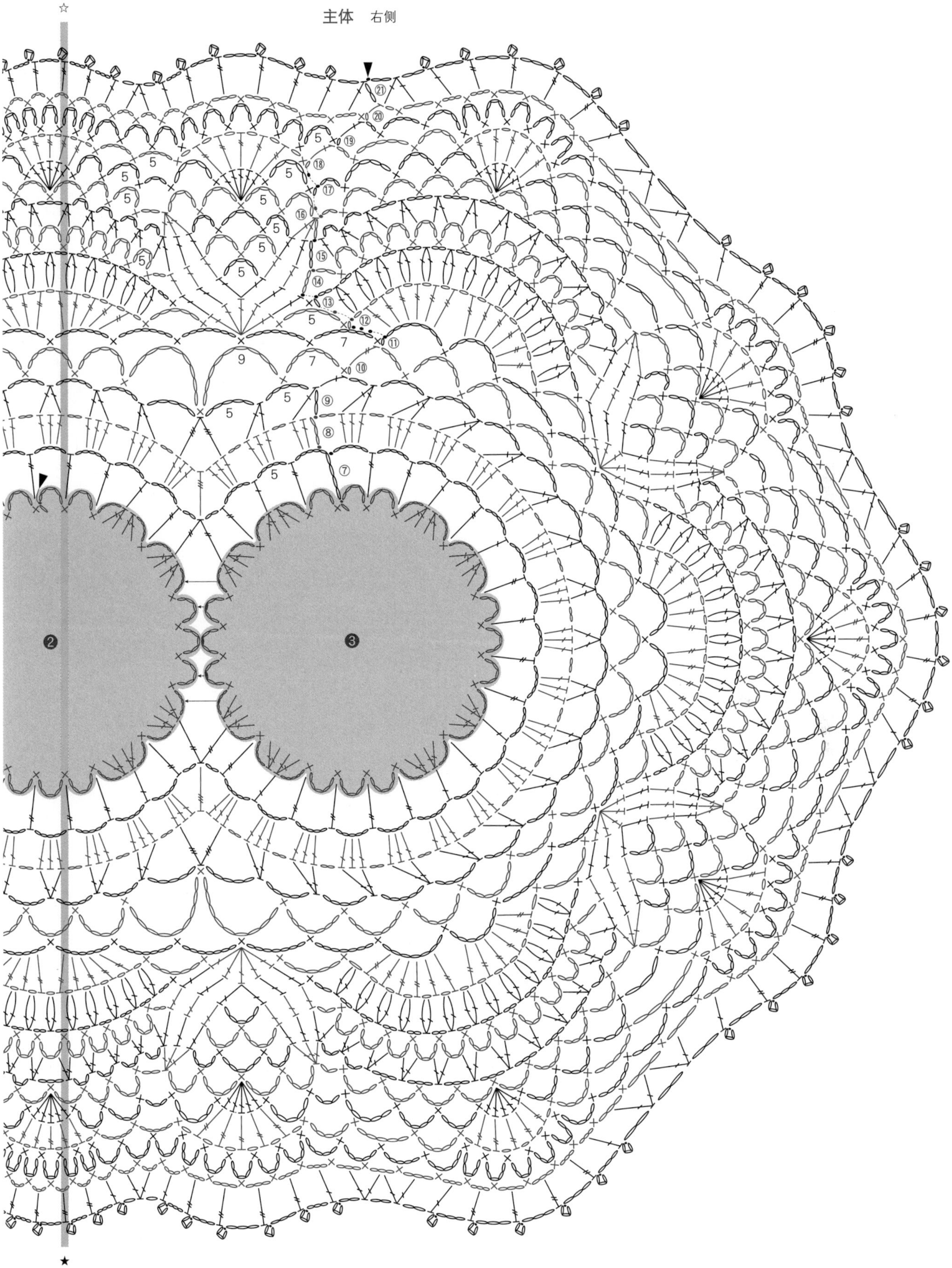

U 图／p.30

材料和工具

［线］ 奥林巴斯
金票40号蕾丝线/自然色（852）…19g
［针］ 蕾丝针8号
［成品尺寸］ 27cm×28cm
［密度］ 方眼花样/10cm=19格×18行

编织要点

主体在第28针锁针的起针开始钩织。参照图示钩织方眼花样，一边在两端加减针目，一边往返钩织，钩织41行。边缘编织参照图示，注意主体的挑针位置，以及整段挑取锁针和长针根部的位置，在环里钩织第1行，继续钩织到第3行。

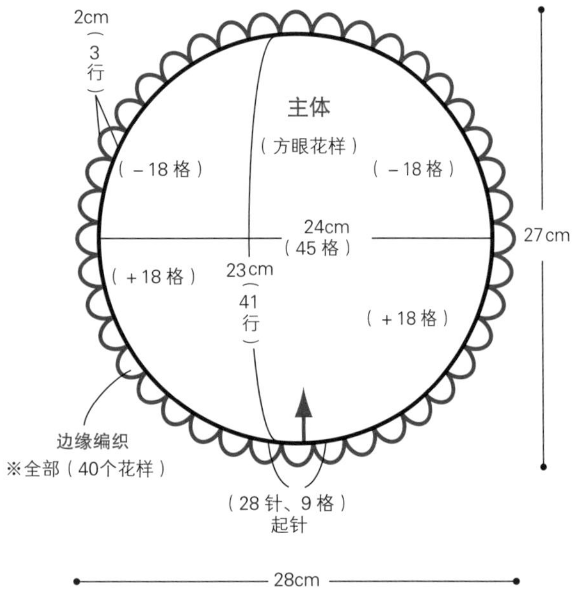

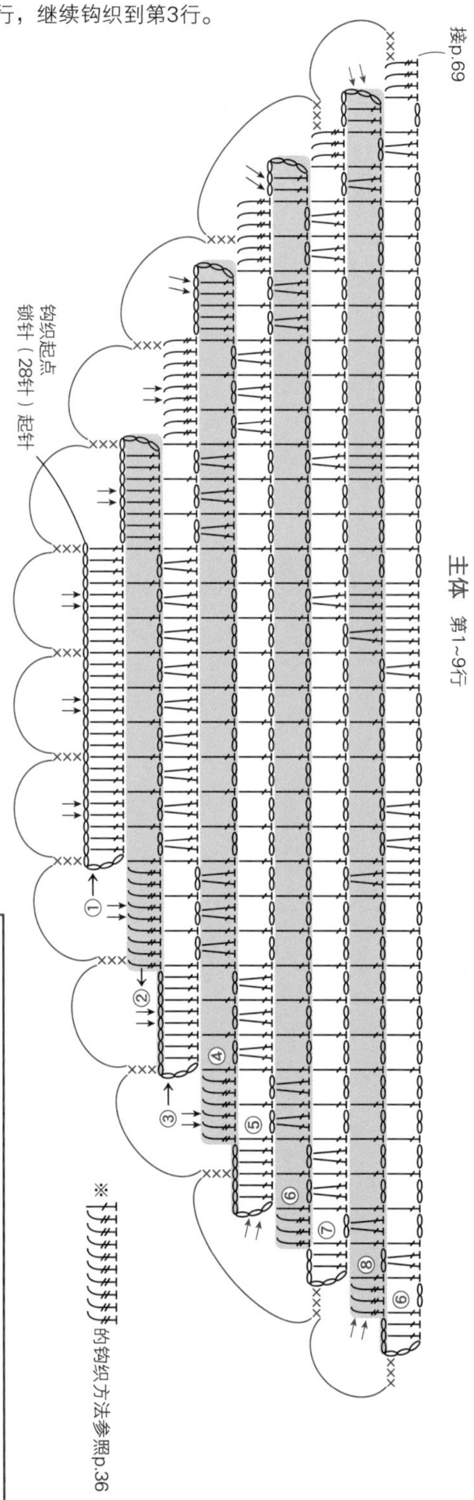

边缘编织的方法

※主体图中省略了部分内容，按照图示钩织

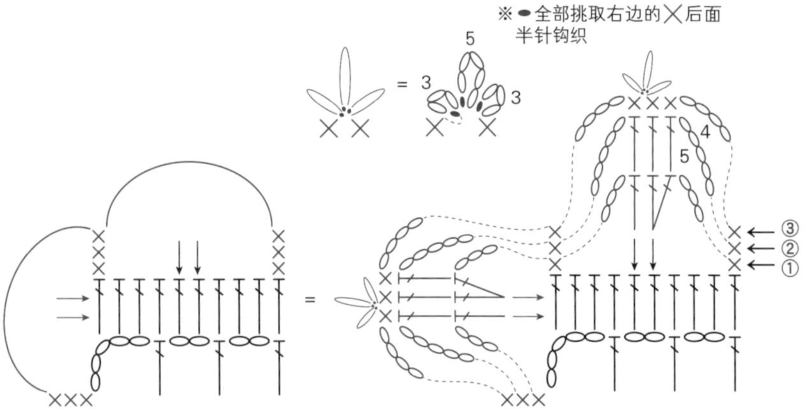

← ＝挑起针目钩织
← ＝整段挑起锁针或长针的根部钩织

主体 第10~41行

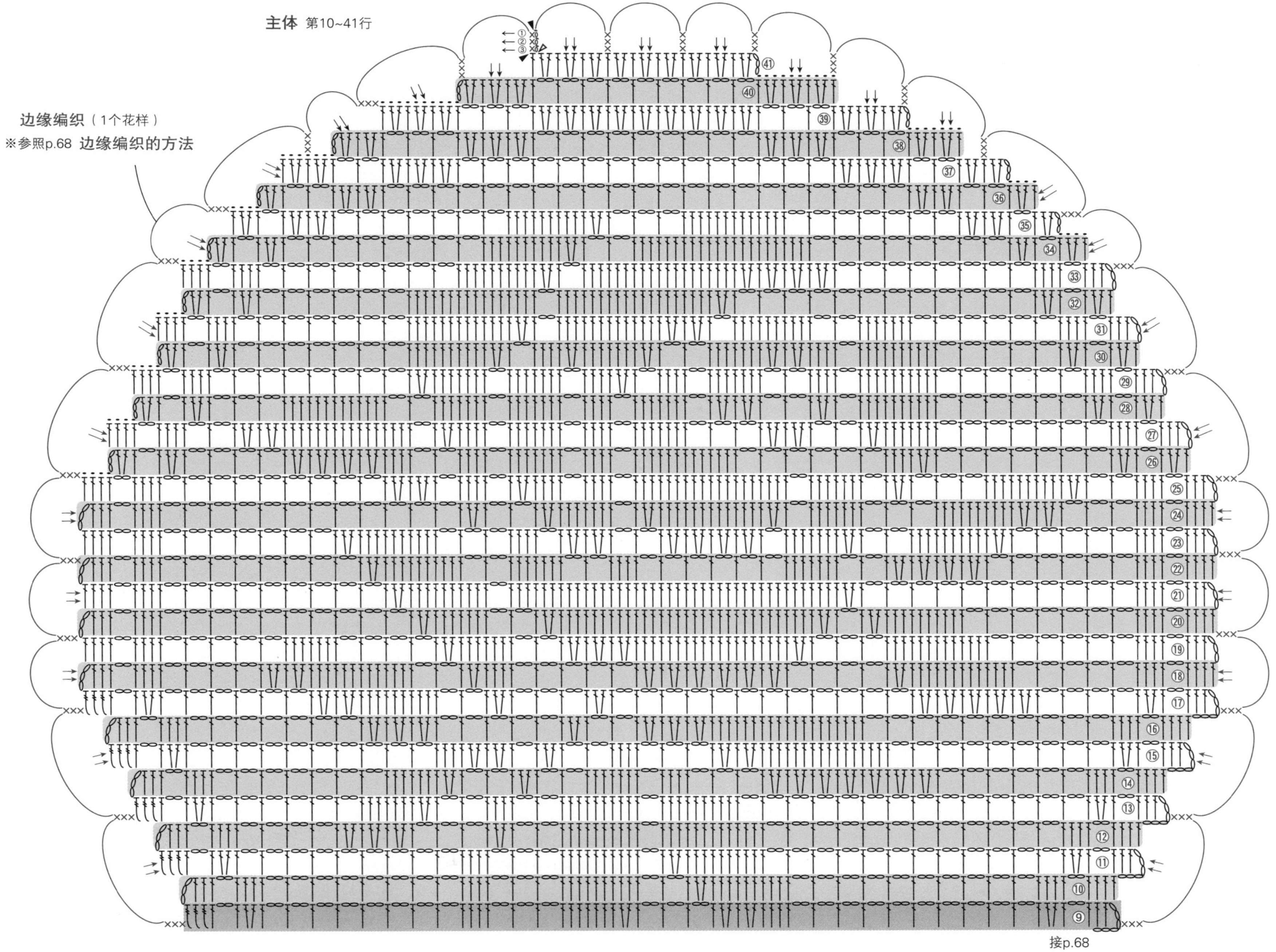

Y　图／p.35

材料和工具

［线］　奥林巴斯
金票40号蕾丝线/米白色（802）…21g
［针］　蕾丝针8号
［成品尺寸］　直径23.5cm
［密度］　方眼花样/5cm=12格×14行

编织要点

主体环形起针开始钩织，第1~28行如图所示1个花样重复钩织6次，断线。每一个花样重新接线，往返钩织4行，完成各自的花样。钩织1行边缘编织。

主体

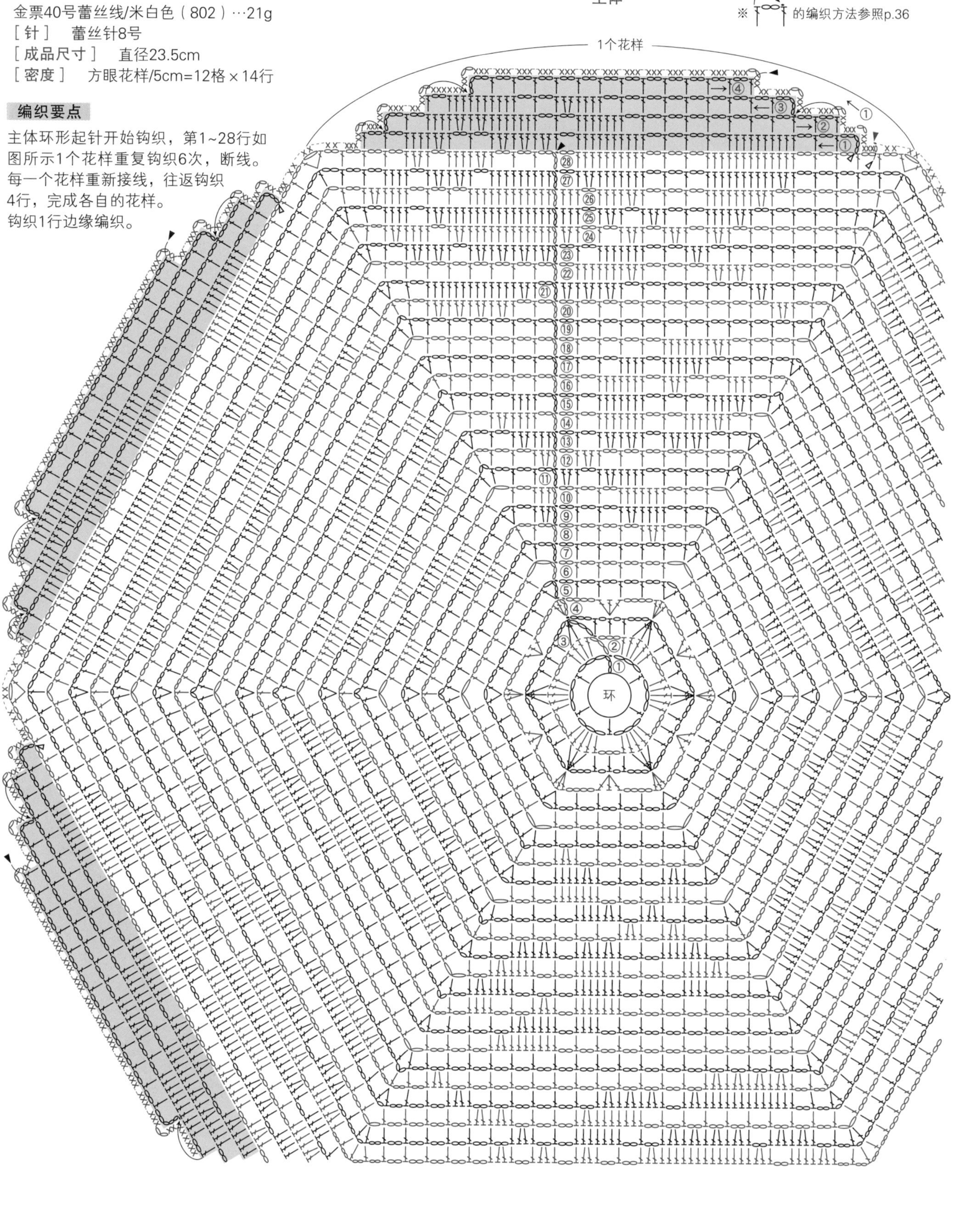

V、W　图／p.32、p.33　重点教程／p.39

材料和工具

［线］　DMC　CEBELIA 20号

V　米白色（3865）…32g、灰粉色（224）…5g、浅铁灰色（318）…3g、酒红色（816）…2g

W　自然色（ECRU）…30g，水蓝色（800）…5g，藏青色（823）…3g，褐色（434）、芥末色（3820）…各2g

［针］　蕾丝针4号

［成品尺寸］　边长25cm

［密度］　长针/1行＝0.4cm

编织要点

钩织4片小花。钩织上面的花（第1、2行），然后钩织下面的花（第3、4行）（参照p.39）。在下面的花的指定位置接线，钩织主体。钩织主体第9行时，在途中同时钩织连接小花（参照p.39）。继续钩织到34行。

上面的花（第1、2行）

V米白色　W自然色

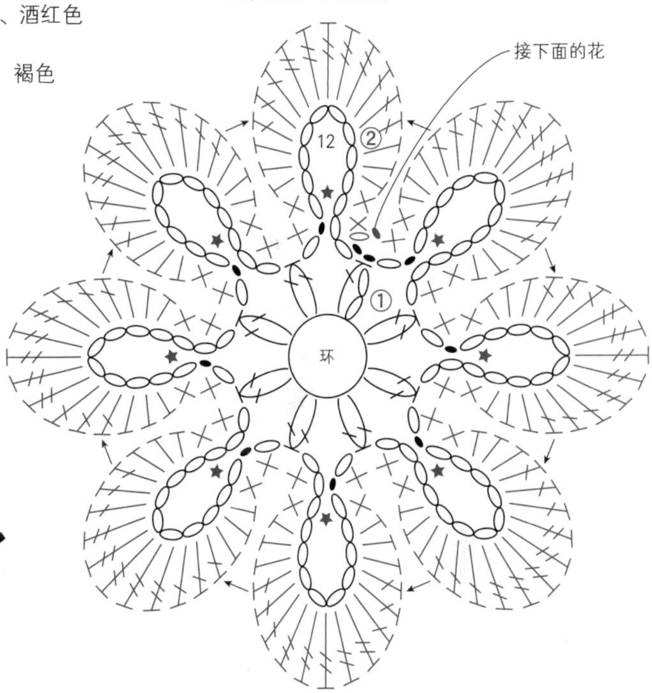

＝长针连接

※连接方法参照p.37的“花片的连接方法（钩织长针的连接方法）”

下面的花（第3、4行）

V米白色　W自然色

※☒在上面的花的★处，从第2行的后面入针钩织（参照p.39）

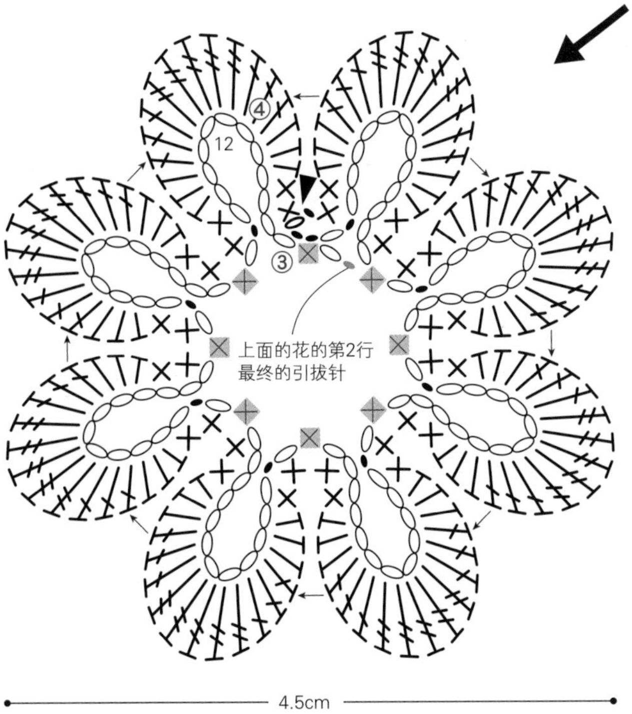

小花　4片

V米白色　W自然色

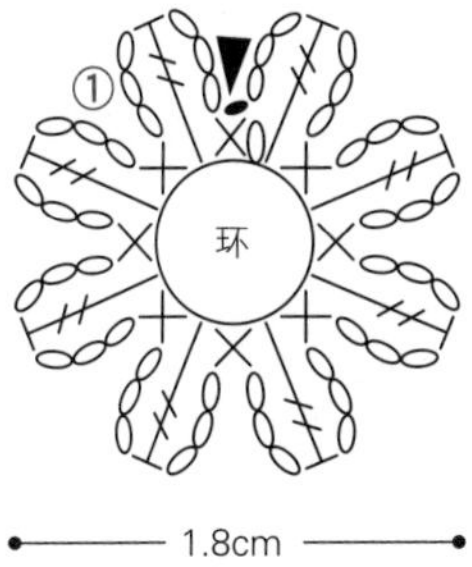

※主体第3、4、6、7行的钩织方法参照p.39

（小花的长长针）

X（主体第9行的短针）＝主体第9行的小花上短针的钩织方法参照p.39

（主体第15、20行）＝包住前一行的锁针，同时整段挑取前2行的锁针，钩织长针（参照p.39）

（主体第18行）＝从前一行锁针的前面整段挑取前2行的锁针，钩织长针（参照p.39）

主体第1~9行的配色

行数	V	W
9	米白色	自然色
7、8	浅铁灰色	藏青色
6	米白色	自然色
4、5	灰粉色	水蓝色
3	米白色	自然色
2	灰粉色	水蓝色
1	米白色	自然色

主体第10~34行的配色

行数	V	W
24～34	米白色	自然色
22、23	浅铁灰色	藏青色
20、21	灰粉色	水蓝色
19	米白色	褐色
18	灰粉色	水蓝色
17	酒红色	芥末色
15、16	灰粉色	水蓝色
14	米白色	褐色
12、13	灰粉色	水蓝色
11	浅铁灰色	藏青色
10	米白色	褐色

主体 左侧

※请将p.72、p.73的☆ ▬ ★对齐重叠观看

※第34行锁针处钩织的×要挑起锁针针目的后面半针和里山钩织

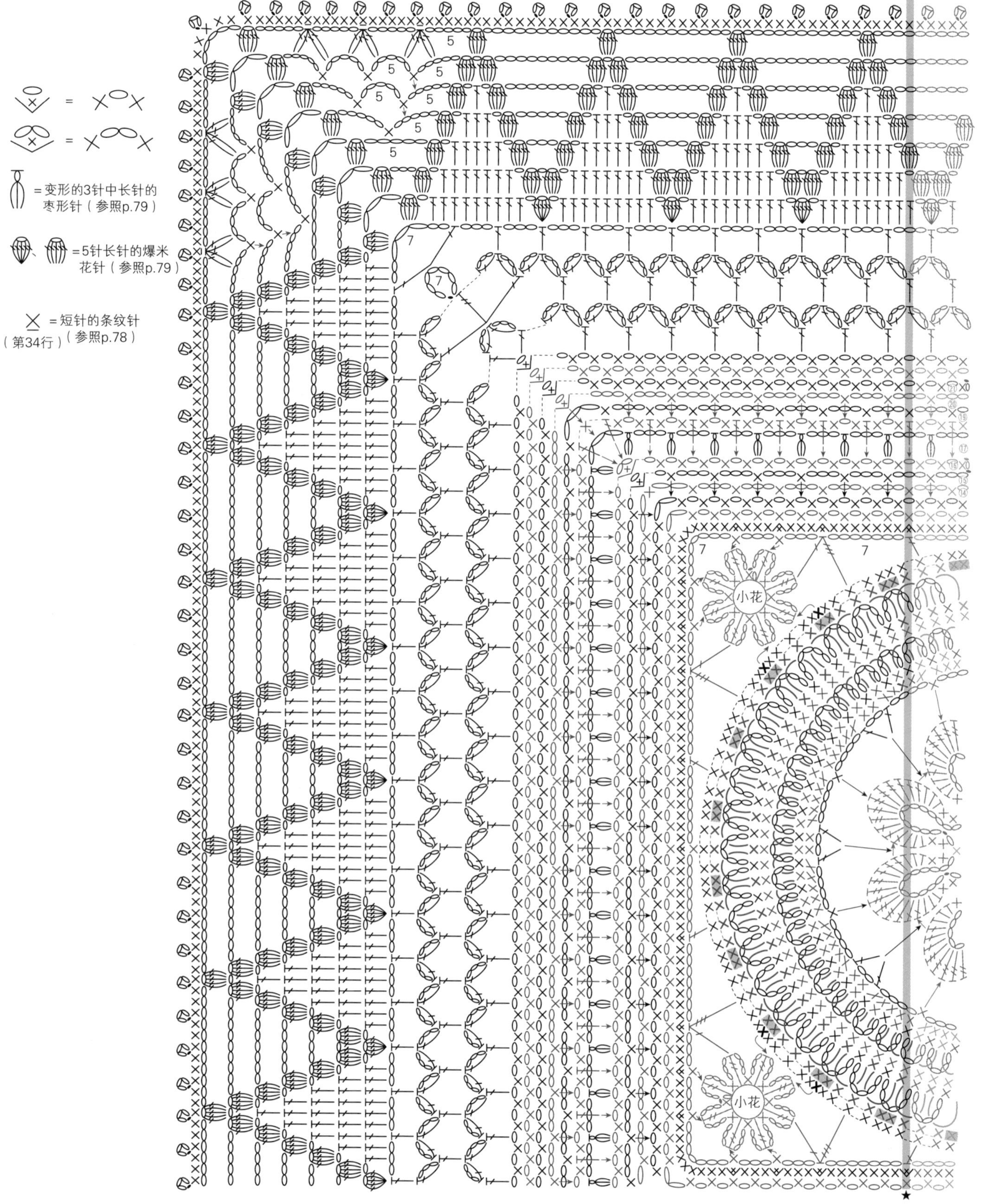

※主体第1~22行在换配色线的地方断线，在下一行的起始位置接新线钩织

※第8行的 ×× 是加针位置

X　图／p.34　重点教程／p.38

图／p.34　重点教程／p.38

材料和工具

［线］　奥林巴斯

金票40号蕾丝线/米白色（802）…26g

［针］　蕾丝针8号

［成品尺寸］　直径28cm

［密度］　长针/1行＝0.5cm

编织要点

主体环形起针开始钩织，第1行钩织18针短针。第2~10行1个花样重复钩织6次。第11~31行每3个花样组成1个花样，1个花样重复钩织4次。

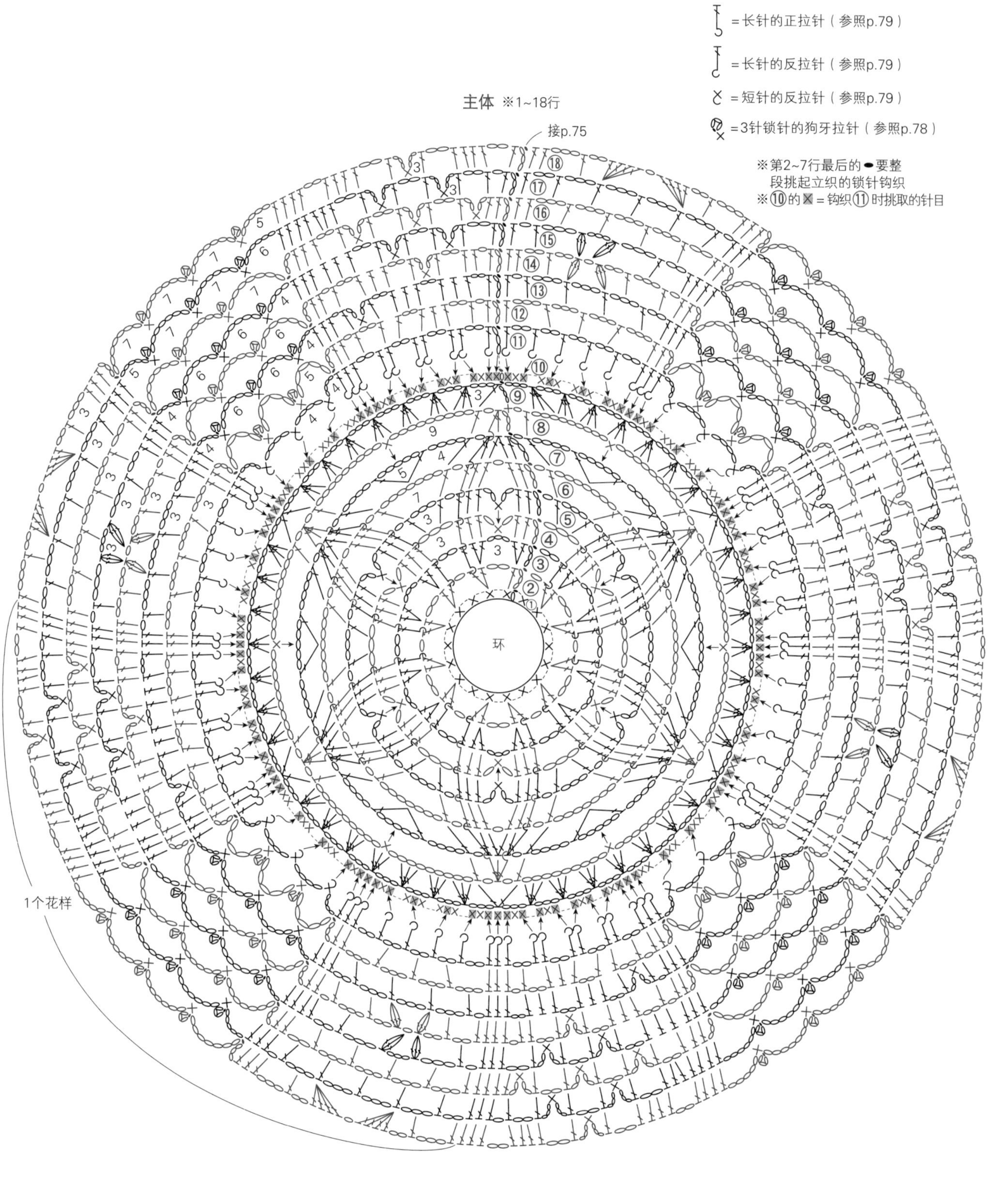

主体 第18～32行

※第29行的 在第28行的 里钩织

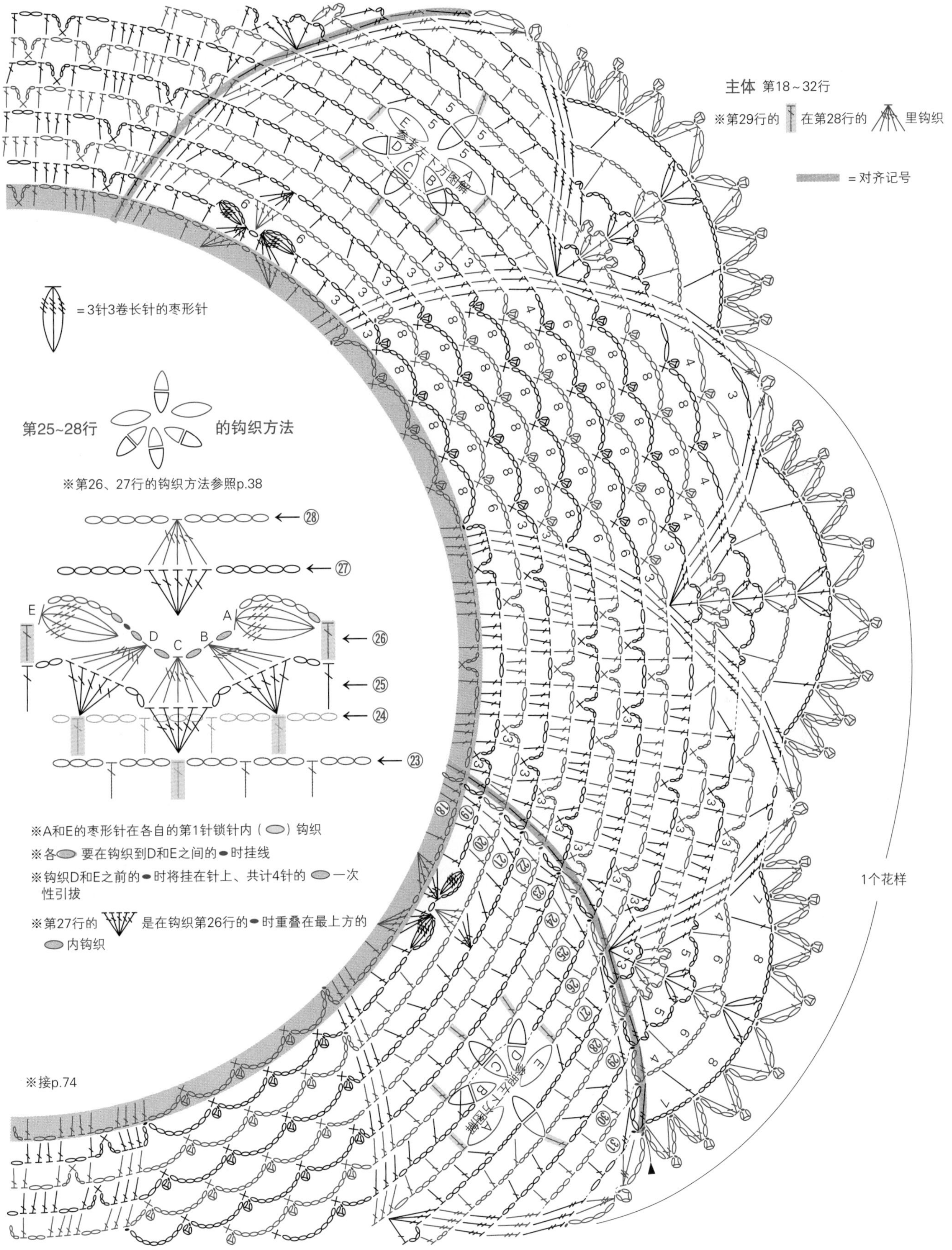

※第26、27行的钩织方法参照p.38

※A和E的枣形针在各自的第1针锁针内（ ）钩织

※各 要在钩织到D和E之间的 ● 时挂线

※钩织D和E之前的 ● 时将挂在针上、共计4针的 一次性引拔

※第27行的 是在钩织第26行的 ● 时重叠在最上方的 内钩织

※接p.74

钩针编织基础

符号图的看法

所有符号图均为从正面看到的标记。
钩针编织没有下针和上针的区别（上拉针除外），交替看着正面和反面钩织的平针编织中，符号标记也是相同的。

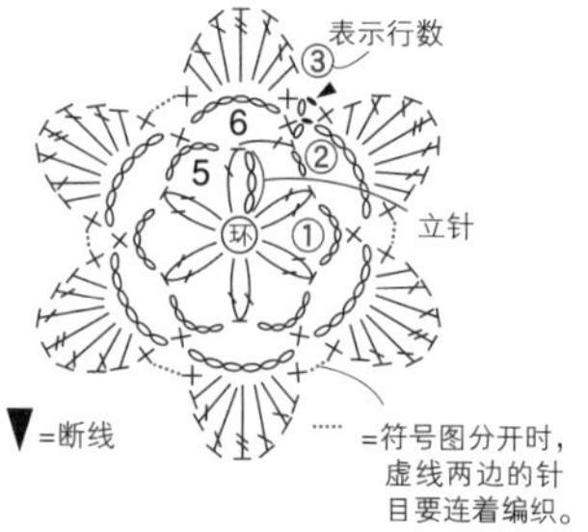

从中心环形编织

在中心编织圆环（或锁针），然后一行一行钩织。在每行的起点钩织起立针，一行一行钩织下去。通常都是看着织片的正面，按符号图从右向左钩织。

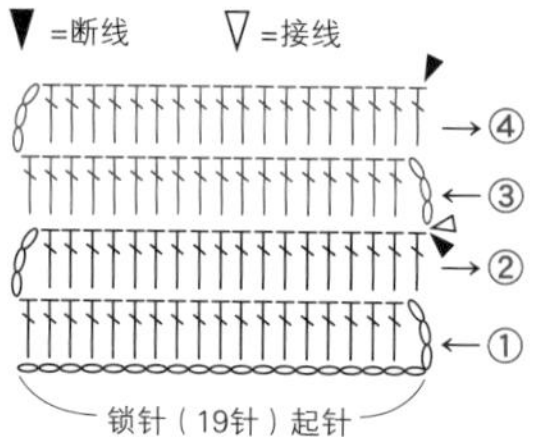

平针编织时

特征是左右都有起立针，起立针位于右侧时，看着织片正面，符号图从右往左钩织。起立针位于左侧时，看着织片反面，参照符号图从左往右钩织。图中是在第3行更换了配色线的符号图。

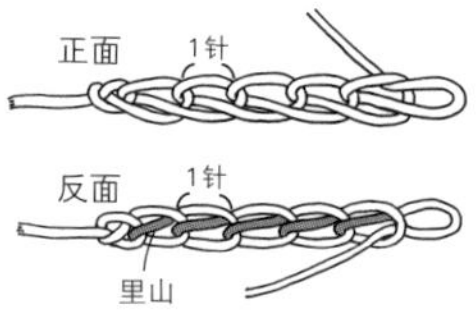

锁针的看法

锁针的针目有正、反面之分。反面中央1根突出的线叫锁针的“里山”。

线和针的拿法

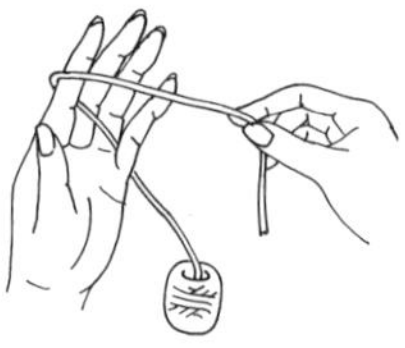

1
将线从左手的小指和无名指之间拉出至前面，在食指上挂线，并将线头拉至前面。

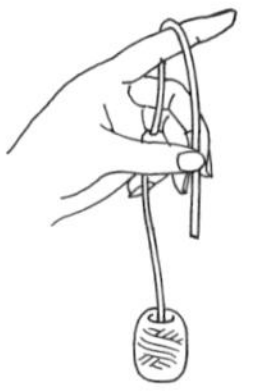

2
用拇指和中指捏住线头，左手食指翘起，将线撑直。

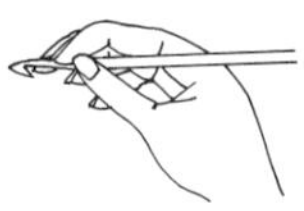

3
用右手拇指和食指握住钩针，中指轻轻搭在钩针前端。

最初的针目的制作方法

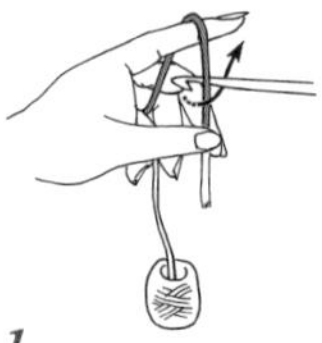

1
如箭头所示，从线的后面旋转针头。

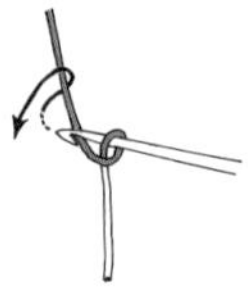

2
钩针挂线。

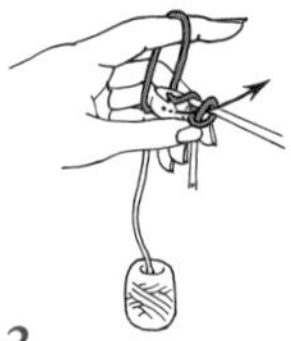

3
穿过线圈，将线拉出至前面。

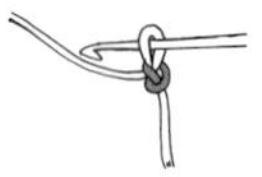

4
拉出线头，收紧针目，完成最初的针目（这个针目不算作1针）。

起针

从中心钩织成环形时
（线头连成圆环）

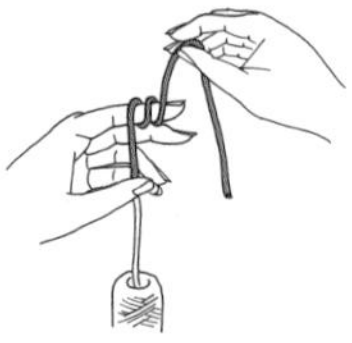

1
将线在左手食指绕2圈，制作圆环。

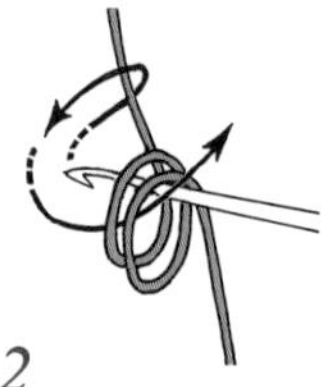

2
取下圆环后用手拿住，将钩针插入圆环中挂线，将线拉至前面。

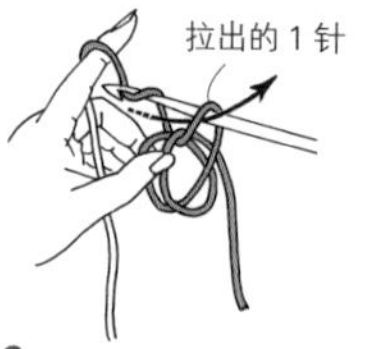

3
再次钩针挂线并拉出线，钩织1针立起的锁针。

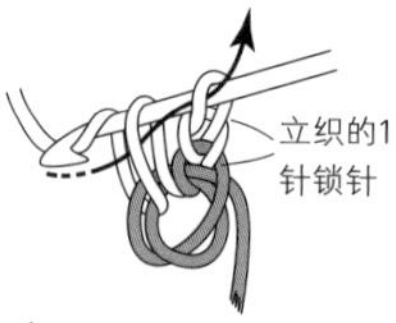

4
第1行均在圆环中入针，钩织所需数目的短针。

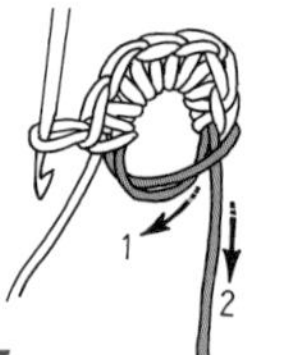

5
钩织所需针数后取下钩针，拉最初的线1和线头2，拉紧。

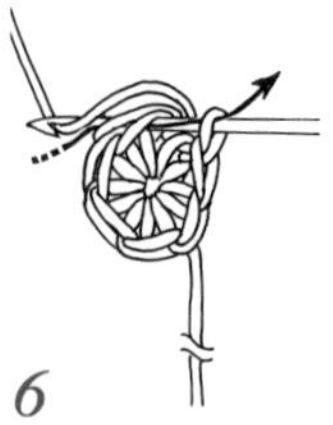

6
第1行的结尾，在最初的短针头部插入钩针，挂线并一次性引拔出。

从中心钩织成环形时
（用锁针连成圆环）

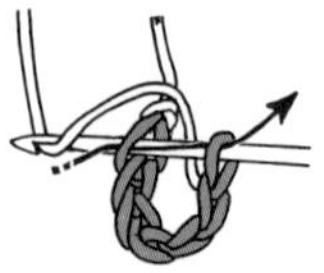

1
钩织所需针数的锁针，将钩针插入第1针锁针的半针并引拔。

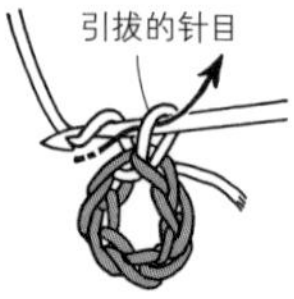

2
钩针挂线后拉出。这是1针立起的锁针。

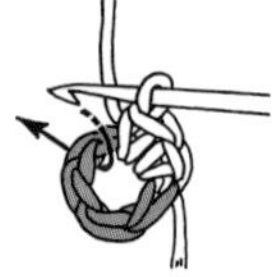

3
第1行将钩针插入圆环中，如箭头所示整段挑起锁针，钩织所需针数的短针。

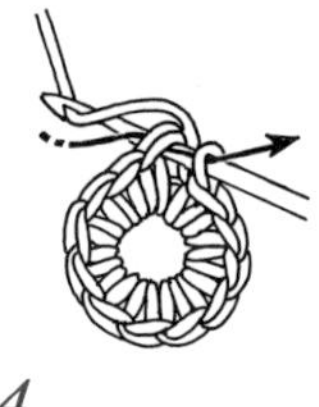

4
第1行的结尾，在第1针短针头部插入钩针，挂线引拔。

平针编织时

1
钩织所需针数的锁针和立织部分的锁针，将钩针插入从端头数的第2针锁针中，挂线并拉出。

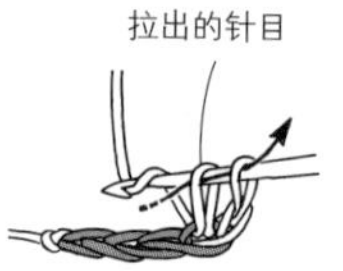

2
针头挂线，如箭头所示将线引拔出。

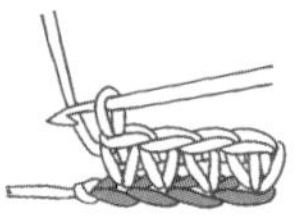

3
第1行钩织完成（立织的1针锁针不计入针数）。

挑起前一行的针目

即使都是枣形针，符号图不同，挑针方法也不同。符号图下方闭合时，需将钩针插入前一行的针目中钩织；符号图的下方分开时，需整段挑起前一行的锁针钩织。

挑起针目钩织

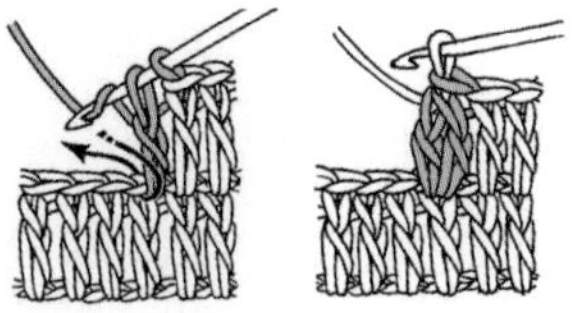

1　2

整段挑起钩织

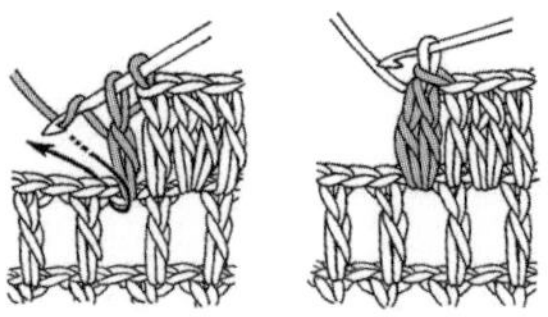

1　2

钩织符号

锁针

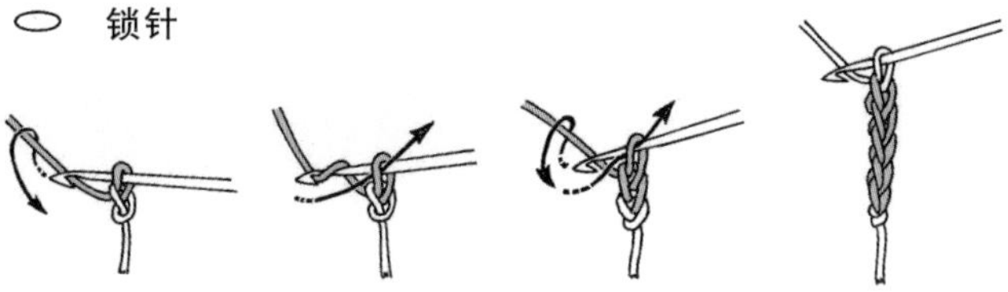

1 钩织最初的针目，如箭头所示钩针挂线。

2 将挂在针上的线拉出。

3 重复步骤1、2。

4 5针锁针完成。

引拔针

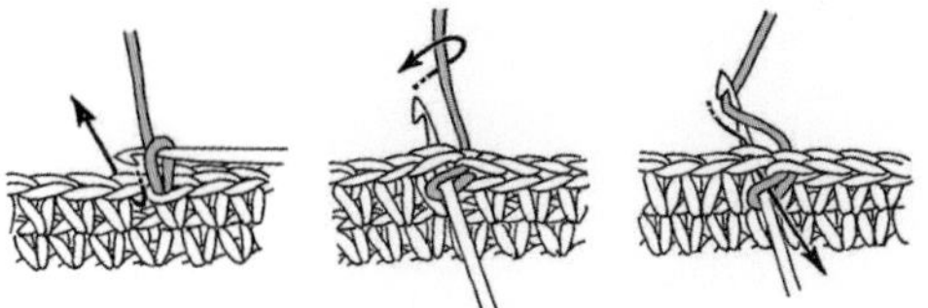

1 在前一行的针目里入针。

2 钩针挂线。

3 将线一次性引拔出。

4 1针引拔针完成。

短针

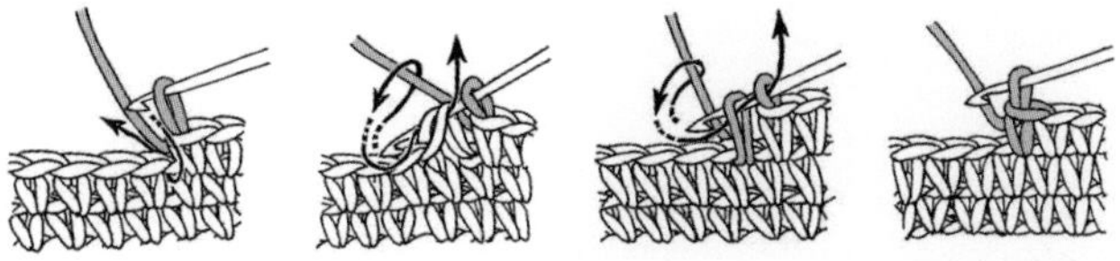

1 在前一行的针目里入针。

2 钩针挂线，将线圈拉出至前面（这个状态叫未完成的短针）。

3 钩针挂线，一次性引拔穿过2个线圈。

4 1针短针完成。

中长针

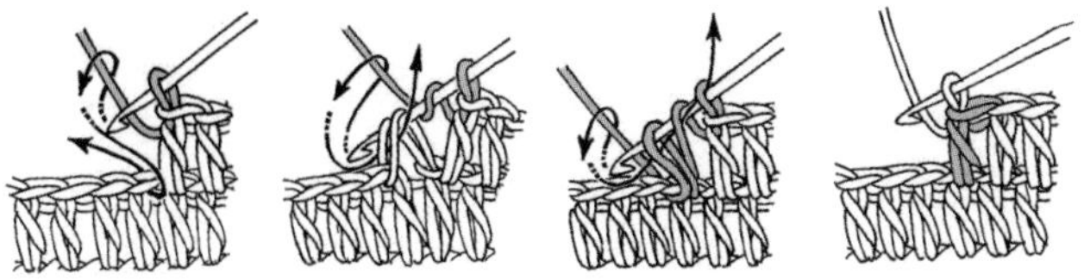

1 钩针挂线，在前一行的针目里入针。

2 继续钩针挂线，将线圈拉出至前面（这个状态叫未完成的中长针）。

3 钩针挂线，一次性引拔穿过3个线圈。

4 1针中长针完成。

长针

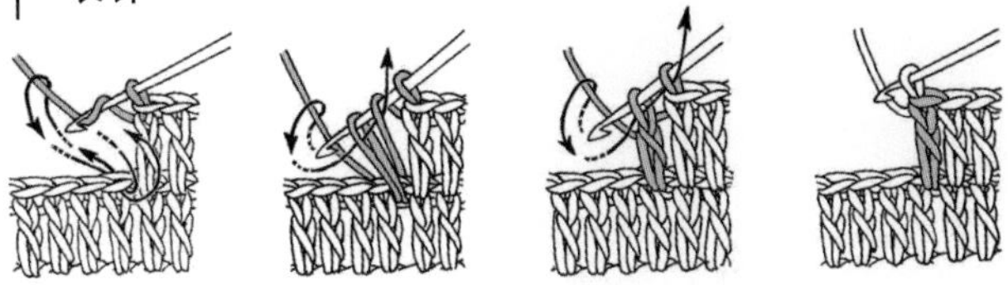

1 钩针挂线，在前一行的针目中入针，继续挂线，将线拉出至前面。

2 如箭头所示钩针挂线，一次性引拔穿过2个线圈（这个状态叫未完成的长针）。

3 再次钩针挂线，一次性引拔穿过剩下的2个线圈。

4 1针长针完成。

长长针　3卷长针

※（　）内是3卷长针时的情况

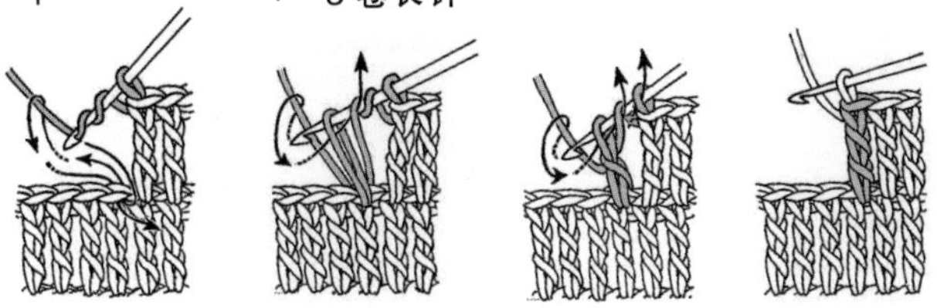

1 钩针挂线2次（3次），在前一行的针目中入针，再次钩针挂线，将线拉出至前面。

2 如箭头所示，钩针挂线，引拔穿过2个线圈。

3 再重复2次（3次）与步骤2相同的操作。

4 1针长长针完成。

3针长针的枣形针　3针长长针的枣形针

※（　）内为3针长长针的枣形针的情况

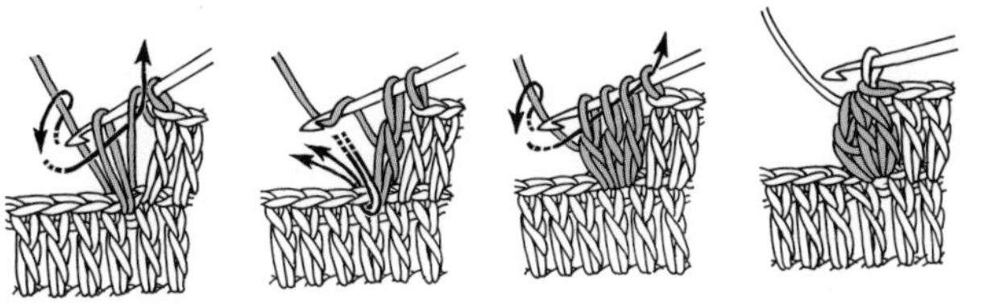

1 在前一行的针目中钩织1针未完成的长针（长长针）。

2 钩针插入同一针目，继续钩织2针未完成的长针（长长针）。

3 钩针挂线，一次性引拔穿过钩针上的4个线圈。

4 3针长针（长长针）的枣形针完成。

2针短针并1针　　3针短针并1针

※（ ）内为3针并1针的情况

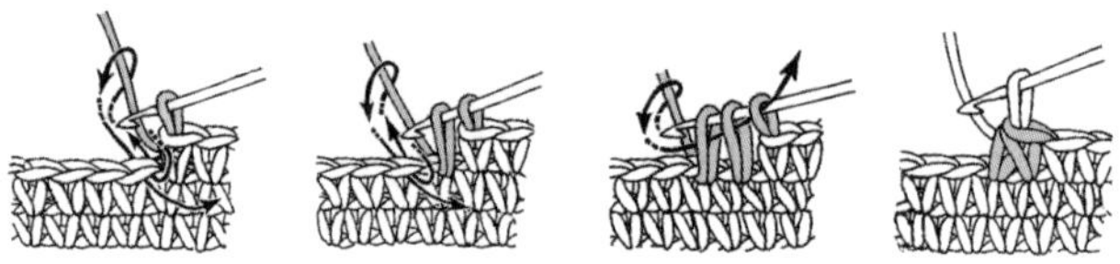

1 如箭头所示，将钩针插入前一行的针目中，挂线并拉出。

2 在下一个针目中同样拉出线圈（3针并1针在下一针目再次拉出线圈）。

3 钩针挂线，一次性引拔穿过3（4）个线圈。

4 2针短针并1针完成。比前一行减少了1（2）针。

1针放2针短针　　1针放3针短针

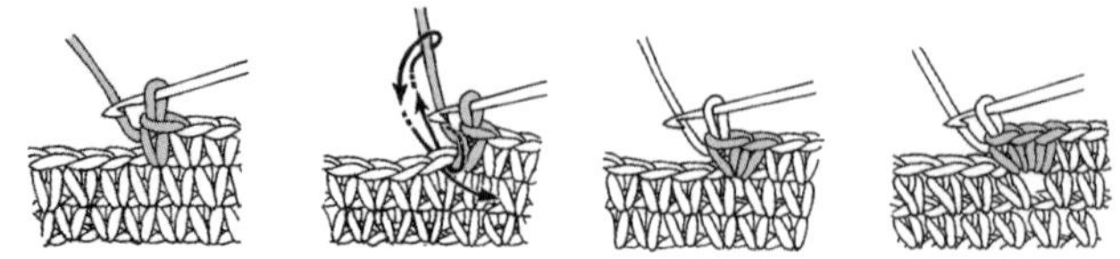

1 在前一行的针目里钩织1针短针。

2 将钩针插入同一个针目中，钩织短针。

3 钩织了2针短针的样子。钩织1针放3针短针时，则在同一个针目中再钩织1针短针。

4 在前一行的1个针目中钩织3针短针的样子。比前一行增加了2针。

2针长针并1针

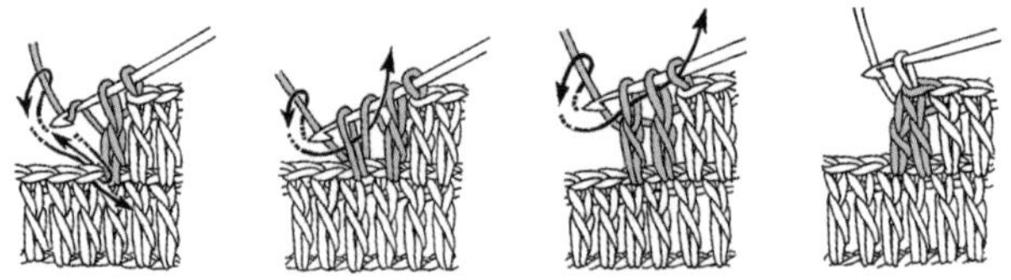

1 在前一行的针目中钩织1针未完成的长针（参照p.77），在下一个针目中同样入针并拉出线。

2 钩针挂线，引拔穿过2个线圈，钩织2针未完成的长针。

3 钩针挂线，一次性引拔穿过3个线圈。

4 2针长针并1针完成。比前一行减少了1针。

1针放2针长针

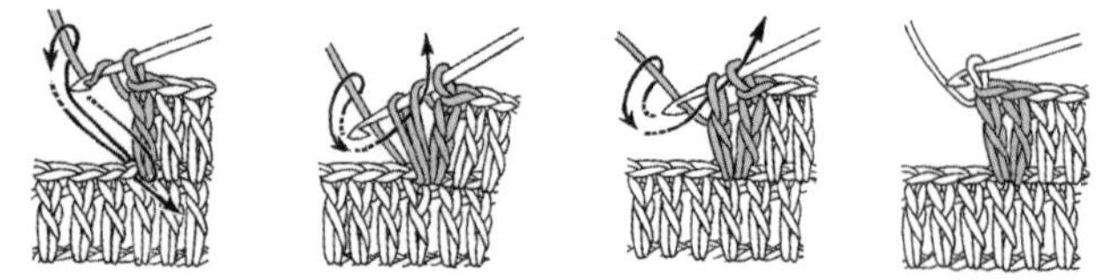

1 钩织1针长针，在同一个针目中再钩织1针长针。

2 钩针挂线，引拔穿过2个线圈。

3 再次钩针挂线，引拔穿过剩下的2个线圈。

4 在前一行的1个针目中钩织2针长针的样子。比前一行增加了1针。

3针锁针的狗牙拉针（在短针上钩织）

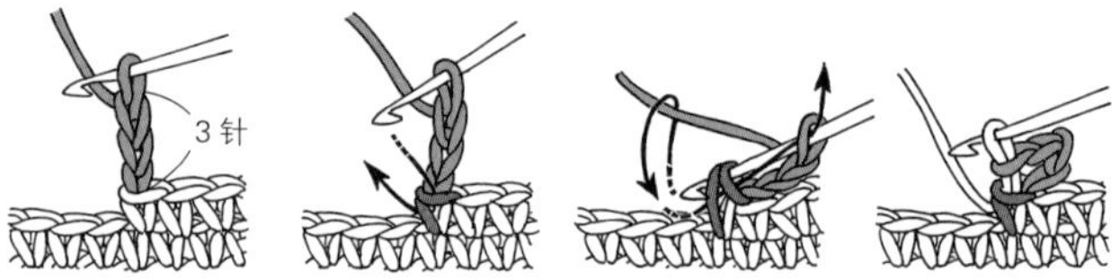

1 钩织3针锁针。

2 在短针头部的半针和根部的1根线中入针。

3 钩针挂线，如箭头所示，一次性引拔。

4 3针锁针的狗牙拉针（在短针上钩织）完成。

短针的棱针

※ 每一行改变钩织方向，钩织短针的棱针
※ 其他针法的棱针也是按照相同要点，挑取前一行的后面半针钩织指定符号的针目

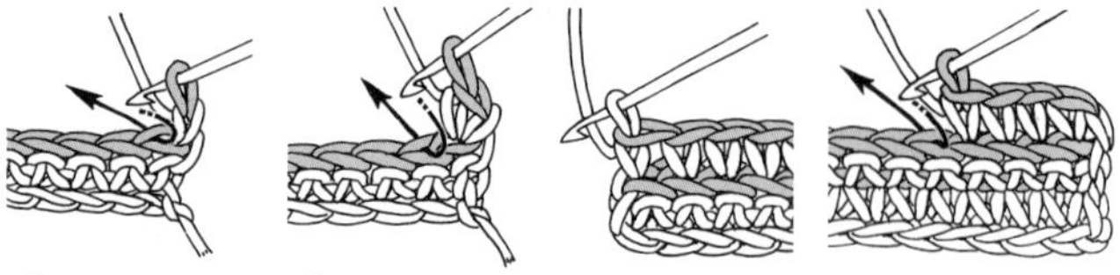

1 如箭头所示，将钩针插入前一行针目的后面半针中。

2 钩织短针，下一针也同样从后面半针入针。

3 钩织到末尾，翻转织片。

4 重复步骤1、2，从后面半针入针钩织短针。

短针的条纹针

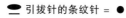

※每一行都朝着同一方向钩织短针的条纹针

引拔针的条纹针 = ●

中长针的条纹针 = ▲

长针的条纹针 = ■

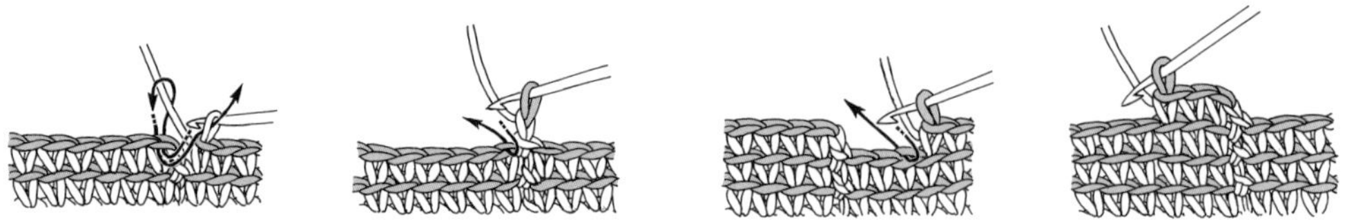

1 每行都看着正面钩织。钩织1行短针后，在最初的针目中引拔出。

2 立织1针锁针（● = 不钩织立起的锁针，▲ = 2针，■=3针），挑起前一行针目的后面半针，钩织短针（● = 引拔针，▲ = 中长针，■=长针）。

3 重复步骤2的要领，继续钩织短针（● = 引拔针，▲ = 中长针，■=长针）。

4 前一行剩下来的前面半针呈现条纹状。短针的条纹针3行钩织完成。

短针的正拉针

※ 在往返编织时，看着背面钩织时，需钩织反拉针

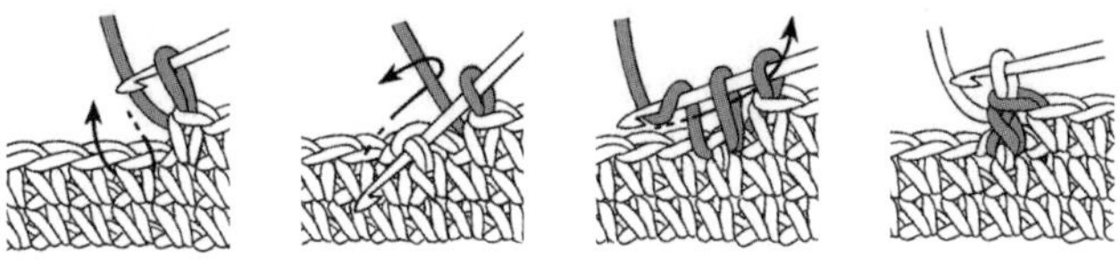

1 在前一行短针的根部如箭头所示插入钩针。

2 钩针挂线，拉出比钩织短针时更长一些的线。

3 再次钩针挂线，一次性引拔穿过2个线圈。

4 1针短针的正拉针完成。

变形的 3 针中长针的枣形针

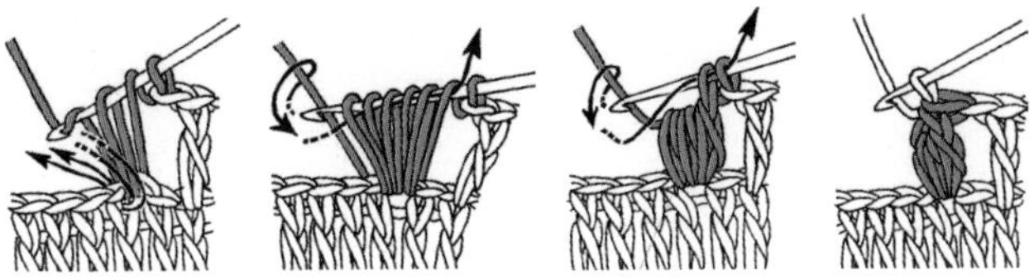

1 钩针插入前一行的针目中，钩织3针未完成的中长针（参照p.77）。

2 钩针挂线，如箭头所示，一次性引拔穿过6个线圈。

3 再次钩针挂线，一次性引拔穿过剩余的线圈。

4 变形的3针中长针的枣形针完成。

长针的正拉针

※ 往返编织时，看着背面钩织时，需钩织反拉针

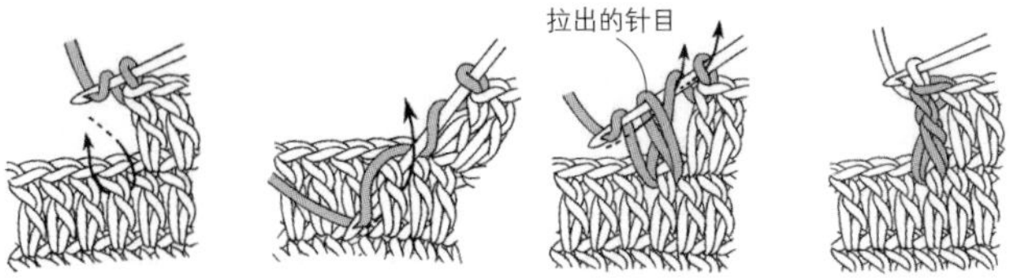

1 钩针挂线，如箭头所示，从前面将钩针插入前一行的长针根部并挑起。

2 钩针挂线，如箭头所示，拉出较长的线。

3 再次钩针挂线，一次性引拔穿过2个线圈。重复1次相同的操作。

4 1针长针的正拉针完成。

长针的反拉针

※ 往返编织时，看着背面钩织时，需钩织正拉针

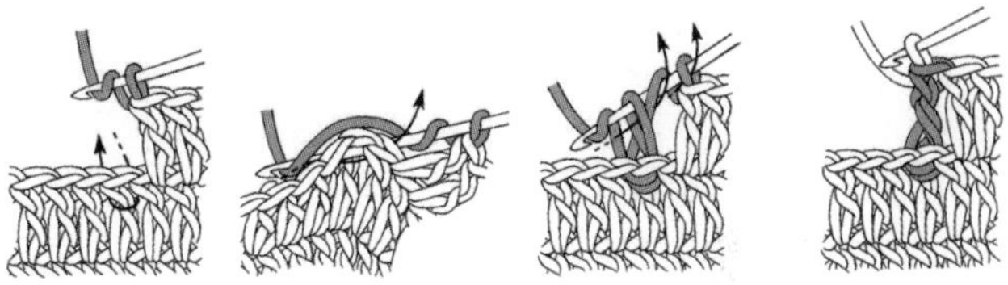

1 钩针挂线，如箭头所示，从后面将钩针插入前一行的长针根部。

2 钩针挂线，如箭头所示，在织片的后面拉出。

3 拉出较长的线后，再次钩针挂线，一次性引拔穿过2个线圈，再重复1次相同的操作。

4 1针长针的反拉针完成。

5 针长针的爆米花针

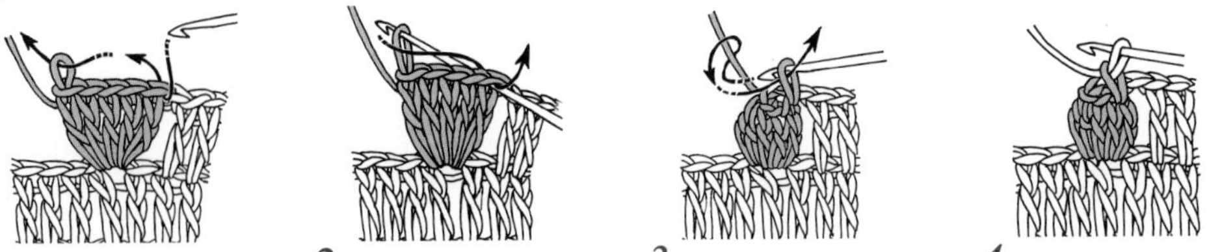

1 在前一行的1针中钩织5针长针，暂时取下钩针，再如箭头所示重新插入。

2 将线圈引拔至前面。

3 钩织1针锁针，收紧针目。

4 5针长针的爆米花针完成。

条纹花样的钩织方法（环形编织时，行末的换线方法）

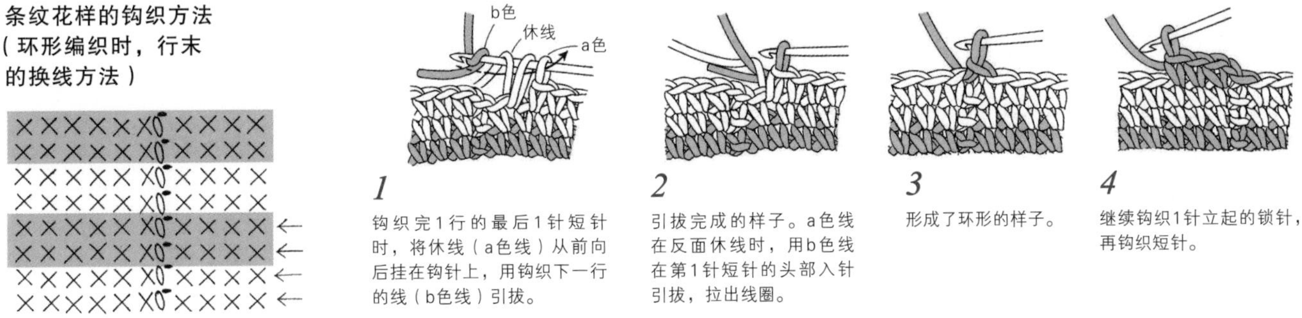

1 钩织完1行的最后1针短针时，将休线（a色线）从前向后挂在钩针上，用钩织下一行的线（b色线）引拔。

2 引拔完成的样子。a色线在反面休线时，用b色线在第1针短针的头部入针引拔，拉出线圈。

3 形成了环形的样子。

4 继续钩织1针立起的锁针，再钩织短针。

CHIISANA CROCHETEDLACE DOIRI
Copyright © apple mints 2023
All rights reserved.
First original Japanese edition published by E&G CREATES Co., Ltd.
Chinese (in simplified character only) translation rights arranged with E&G CREATES Co., Ltd.
through CREEK & RIVER Co., Ltd. and CREEK & RIVER SHANGHAI Co., Ltd.

图书设计　阿部由纪子
摄　　影　小塚恭子（作品、线材样本）
　　　　　本间伸彦（制作过程、线材）
造　　型　绘内友美
作品设计　河合真弓　北尾蕾丝·联合会（冈野纱织　齐藤惠子　主代香织　铃木久美　铃木圣羽　高桥万百合　波崎典子　深泽昌子　和田信子）　芹泽圭子　松本薰
编织说明、绘图　加藤千绘　木村一代　中村洋子　松尾容巳子
制作协助　河合真弓
编织方法校对　堤 俊子
企划、编辑　日本E&G 创意（上田佳澄）

严禁复制和出售（无论商店还是网店等任何途径）本书中的作品。
版权所有，翻印必究
备案号：豫著许可备字-2023-A-0117

图书在版编目（CIP）数据

小巧可爱的钩针蕾丝台心布 / 日本 E&G 创意编著; 张心璐译 . -- 郑州: 河南科学技术出版社, 2024.11
ISBN 978-7-5725-1501-9

Ⅰ. ①小… Ⅱ. ①日… ②张… Ⅲ. ①钩针 – 编织 Ⅳ. ① TS935.521

中国国家版本馆 CIP 数据核字（2024）第 079034 号

出版发行：河南科学技术出版社
　　　　　地址：郑州市郑东新区祥盛街27号　　邮编：450016
　　　　　电话：（0371）65737028　　65788613
　　　　　网址：www.hnstp.cn
策划编辑：张　培
责任编辑：刘　瑞
责任校对：王晓红
封面设计：张　伟
责任印制：徐海东
印　　刷：北京盛通印刷股份有限公司
经　　销：全国新华书店
开　　本：889 mm × 1 194 mm　1/16　　印张：5　　字数：160千字
版　　次：2024年11月第1版　　2024年11月第1次印刷
定　　价：49.00元

如发现印、装质量问题，影响阅读，请与出版社联系并调换。